Asif M. Vakaliya
Rishee K. Kalaria

Rastreio Do(S) Marcador(Es) Rga Em Feijão Indiano Contra A Dmj

Asif M. Vakaliya
Rishee K. Kalaria

Rastreio Do(S) Marcador(Es) Rga Em Feijão Indiano Contra A Dmj

Marcador(Es) Análogo(S) Do Gene De Resistência No Feijão-dianês [lablab Purpureus (L.) Sweet]

ScienciaScripts

Imprint
Any brand names and product names mentioned in this book are subject to trademark, brand or patent protection and are trademarks or registered trademarks of their respective holders. The use of brand names, product names, common names, trade names, product descriptions etc. even without a particular marking in this work is in no way to be construed to mean that such names may be regarded as unrestricted in respect of trademark and brand protection legislation and could thus be used by anyone.

Cover image: www.ingimage.com

This book is a translation from the original published under ISBN 978-620-8-06507-2.

Publisher:
Sciencia Scripts
is a trademark of
Dodo Books Indian Ocean Ltd. and OmniScriptum S.R.L publishing group

120 High Road, East Finchley, London, N2 9ED, United Kingdom
Str. Armeneasca 28/1, office 1, Chisinau MD-2012, Republic of Moldova, Europe
Printed at: see last page
ISBN: 978-620-8-14692-4

RASTREIO DE MARCADOR(ES) ANÁLOGO(S) DO GENE DA RESISTÊNCIA EM FEIJÃO-DA-ÍNDIA [LABLAB PURPUREUS (L.) SWEET] CONTRA O MOSAICO AMARELO

RESUMO

A presente investigação intitulada "RASTREIO DE MARCADORES ANÁLOGOS DO GENE DE RESISTÊNCIA NO FEIJÃO INDIANO [Lablab purpureus (L.) Sweet] CONTRA A DOENÇA MOSAICA AMARELA" foi realizada no Departamento de Biologia Molecular Vegetal e Biotecnologia, ASPEE College of Horticulture and Forestry, Navsari Agricultural University, Navsari durante 2021-22. A experiência de campo foi realizada na College Farm, N. M. College of Agriculture, Navsari Agricultural University, Navsari, durante o Rabi 2021-22.

Entre as leguminosas, o feijão indiano é a leguminosa de grão economicamente importante em Gujarat. O stress biótico, em especial a doença do mosaico amarelo (DMJ), continua a ser a doença mais destrutiva que afecta o potencial de rendimento do feijão indiano, tanto em termos quantitativos como qualitativos. É causada por vários vírus do mosaico amarelo (YMV) pertencentes ao género Begomovirus da família Geminiviridae. É transmitido através da mosca branca (Bemisia tabaci) de forma circulativa e persistente, mas não através das sementes, do solo e da seiva. Nestas circunstâncias, o rastreio e a identificação de genótipos resistentes duradouros utilizando marcadores RGA são muito importantes para evitar a ocorrência da febre catarral ovina nas condições de campo de Gujarat.

Nesta investigação, com base na escala de classificação da doença (1-9), 104 genótipos de feijão indiano foram rastreados em condições de campo contra a doença do mosaico amarelo durante o Rabi 2021-22. Dos 104 genótipos de feijão-da-índia, verificou-se que 33 genótipos apresentavam resistência, 14 genótipos apresentavam resistência moderada, 17 genótipos apresentavam suscetibilidade moderada, 29 genótipos apresentavam suscetibilidade e 11 genótipos apresentavam suscetibilidade elevada à doença do mosaico amarelo.

Um fragmento de ADN de ~ 450 pb do gene parcial da proteína da bainha foi amplificado com os iniciadores da proteína da bainha DYMV1 e DYMV2 do vírus do mosaico amarelo dos dolichos. Por conseguinte, a amplificação do fragmento parcial do gene da proteína da pelagem sugeriu que a infeção por YMD nos genótipos de feijão indiano se devia ao vírus do mosaico amarelo dos dolichos. O fragmento amplificado foi purificado e sequenciado. Obteve-se uma sequência de nucleótidos de 432 pb. Além disso, a sequência foi submetida ao GeneBank, NCBI, Bethesda, Maryland, EUA. O número de acesso ON461886.1 foi atribuído à sequência pelo GeneBank.

Os resultados obtidos com a ferramenta BLAST sugerem que o vírus sequenciado apresentou a maior identidade de 95,05% com o isolado AG segment DNA A do dolichos yellow mosaic virus, sequência completa com o número de acesso MZ821026.1. Por conseguinte, propôs-se que o nome da variante fosse dolichos yellow mosaic virus isolate NAU-RA coat protein gene segment DNA A, número de acesso ON461886.1.

A sequência prevista da proteína do revestimento de 104aa, obtida com a ferramenta ORF finder, foi analisada para detetar a presença de um domínio conservado utilizando a ferramenta NCBI-CDD. A ORF obtida revelou ainda a presença de um domínio conservado como a superfamília BR1 da proteína da capa do geminivírus/fator de exportação nuclear da base de dados Pfam, com o número de acesso Pfam00844 e um valor E de 5,05e-57.A análise filogenética sugeriu que o cluster A2 era composto principalmente pelas diferentes cepas de DYMV que predominam principalmente nas diferentes regiões da Índia, principalmente

Delhi, UP, Tamil Nadu, Karnataka, Bengala Ocidental e em todo o Reino Unido, Coréia do Sul, enquanto o cluster A1 representava como isolado do vírus do mosaico amarelo dolichos NAU-RA segmento de DNA do gene da proteína do revestimento A em South Gujarat que conformou a infeção YMD como DYMV em genótipos de feijão indiano em condições de campo durante Rabi 2021-22. No presente estudo, o confinamento de espécies de genótipos de feijão indiano infectados com a doença do mosaico amarelo no sul de Gujarat deveu-se ao mosaico amarelo dos dolichos (DYMV).

No presente estudo, seis genótipos de feijão indiano resistentes (P-19-169, V-19-15, V-19-35, GNIB-22, W-19-05, V-19-24) e seis altamente susceptíveis (P-19-176, W-19-60, P-19-127, V-19-11, W-19-58, V-19-106)

foram analisados por nove pares de iniciadores RGA. Destes, sete pares de primers RGA foram amplificados com sucesso em todos os genótipos resistentes, enquanto não foram amplificados em todos os genótipos altamente susceptíveis.

Os amplicões foram obtidos em sete pares de iniciadores RGA, dos quais cinco pares de iniciadores RGA RGA1FCG & RGA1R, VMYR1F & VMYR1R, YR4F & YR4R, RGAIB3 & RGAIB4, RGAIB5 & RGAIB6

amplificaram uma única banda de aproximadamente 450 pb, 450 pb, 450 pb, 450 pb e 1050 pb, respetivamente, em genótipos resistentes, enquanto apenas dois pares de primers RGA CYR1F & CYR1R e RGAIB1 & RGAIB2 apresentaram uma banda proeminente de aproximadamente 950 pb e 350 pb. A amplificação observada em genótipos resistentes, embora ausente em genótipos altamente susceptíveis, indicou que estes marcadores estavam associados ao gene que controla a resistência à DMJ no feijão indiano.

De acordo com as informações disponíveis no presente estudo, sete pares de marcadores RGA foram eficazes na distinção entre genótipos de feijão indiano resistentes e altamente susceptíveis. Estes marcadores RGA podem ser utilizados para o mapeamento de genes de resistência e estudos de validação de marcadores com resistência duradoura ao YMV. Os marcadores RGA serão utilizados na seleção assistida por marcadores para o desenvolvimento de cultivares resistentes num período de tempo relativamente curto.

RECONHECIMENTO

Por vezes, as palavras não são suficientes para exprimir as nossas emoções e expressões. Esta ocasião memorável proporcionou-me uma oportunidade única para exprimir o meu profundo sentimento de gratidão e reverência para com o meu respeitado orientador principal, o Dr. R. K. Kalaria. Não tenho palavras para lhe exprimir os meus sinceros agradecimentos pela sua orientação esclarecedora, encorajamento infalível, sugestões académicas, supervisão única, atitude simpática e interesse profundo durante todo o meu percurso académico de desenvolvimento de uma visão mais elevada e também pela preparação e apresentação do meu trabalho de investigação no seu conjunto. Considero-me extremamente afortunado por ter sido abençoado com a oportunidade de trabalhar sob a sua estimada orientação académica.

Gostaria de agradecer aos membros do meu comité consultivo, Co-Guia Dr. K. G. Modha (Professor Associado, Departamento de Genética e Melhoramento de Plantas, NMCA, NAU.), Dr. V. B. Parekh (Professor Assistente, Departamento de Ciências Básicas e Humanas) e Dr. Nitin Varshney (Departamento de Estatística Agrícola). Agradeço à Dra. Rehana Niyaria (Professora Associada e Diretora do Departamento de Biologia Molecular Vegetal e Biotecnologia), ao Dr. K. P. Suthar (Professor Assistente do Departamento de Biologia Molecular Vegetal e Biotecnologia), ao Dr. Chintan Kapadiya (Professor Assistente do Departamento de Biologia Molecular Vegetal e Biotecnologia) e ao Dr. Diwakr Singh (Professor Assistente do Departamento de Biologia Molecular Vegetal e Biotecnologia).

Gostaria de agradecer a outros membros do departamento, a Sra. Akruti madam (técnica de laboratório), a Sra. Ekta Patel (assistente de agricultura) e a Srta. Nilam Tandel, que sempre me ajudaram no trabalho do departamento.

Gostaria de estender o meu profundo sentimento de gratidão à Universidade Agrícola de Navsari, Navsari. Estou grato ao honorável Vice-Chanceler, Dr. Z. P. Patel, Diretor de Investigação e Decano de Estudos PG, ao Dr. T. R. Ahlawat, Diretor da N. M. College of Agriculture, ao Dr. R. M. Naik, Decano e Diretor da ASPEE College of Horticulture and Forestry, NAU, Navsari, por me terem proporcionado esta oportunidade valiosa e dourada de melhorar as minhas qualificações na disciplina de Biologia Molecular Vegetal e Biotecnologia. Exprimo a minha gratidão ao Dr. Lalit Mahatma, que actuou como Diretor de Investigação nomeado para a apresentação da tese de Kachcha e deu sugestões valiosas.

Uma palavra de agradecimento não se interpõe entre nós, mas ainda assim, do fundo do meu coração, gostaria de transmitir os meus sinceros agradecimentos aos meus amigos Jahirudin, Sahil, Sanjay, Asif, Shakir, Vasif, Rahul, Akki, Ajay, Jay, Bhavik, Chirag, Sinu, Vishvas, Jignesh, Bhavdeep e Ratnu e a todos os meus amigos da faculdade Jigar, Deepak, Rutvik, Jainul e Ajay pela sua ajuda e apoio durante o curso de investigação. Estou igualmente grato aos meus superiores, Dela Mohammad, Samrth bhai, Nikunjbhai Rinkal didi, Khushbu didi e Sanyam bhai, pelo seu apoio e orientação durante este curso. Estou igualmente grato aos meus amigos mais jovens Ayaj, Badi, Zuber, Anas, Jaymin e Suhel. Os momentos que partilhei com eles são memoráveis e ficarão gravados na minha mente para o resto da minha vida.

As palavras não são suficientes para ter em conta o amor encorajador e constante da minha família. Atribuo o meu maior respeito e os meus sinceros cumprimentos, do fundo do meu coração, ao meu sempre amado pai "Shri. Vakaliya Usmanbhai A." e à minha respeitosa mãe

"Smt. Vakaliya Roshanben U." que me deram a vida e me ensinaram os conceitos da vida e os seus esforços dedicados para me educar a este nível. Principalmente o meu tio e a minha tia por todo o tipo de apoio dado durante a minha pós-graduação. Os meus sinceros agradecimentos ao meu irmão mais novo Faijan, Vasif e a todos os meus primos pelo seu apoio e orientação incondicional. O seu encorajamento constante permitiu-me ultrapassar todos os obstáculos e concluir a minha tese. Por inadvertência, posso ter-me esquecido de mencionar os nomes das mãos invisíveis que me ajudaram, pelo que lhes estou igualmente grato. Este lugar é pequeno o suficiente para conferir os meus sinceros cumprimentos e emoções aos meus pais, cujo sacrifício supremo, bênção eterna e inspiração contínua me deram a força para atingir este objetivo. O seu amor espontâneo, os seus cuidados afectuosos e o seu apoio moral foram para mim uma fonte de energia para levar a bom termo o trabalho. Muitos não são mencionados, mas nenhum é esquecido.

Local: *Navsari*

(Vakaliya Mohmmadasif Usman)

ÍNDICE

ABBREVIATIONS		
NAU	:	Navsari Agricultural University
bp	:	Base pairs
µg	:	Micro gram
µg/µl	:	Micro gram per microliter
YMD	:	Yellow mosaic disease
DYMV	:	Dolichos yellow mosaic virus
MYMV	:	Mungbean yellow mosaic virus
MYMIV	:	Mungbean yellow mosaic India virus
HgYMV	:	Horse gram yellow mosaic virus
C:I	:	Chloroform : Isoamyl alcohol
DNA	:	Deoxyribonucleic Acid
PCR	:	Polymerase chain reaction
EDTA	:	Ethylene Diamine Tetra Acetic Acid
g	:	Gram
min	:	Minutes
sec	:	Second
ml	:	Milliliter
µl	:	Microliter
nm	:	Nanometer
ORF	:	Open Reading Frame
pH	:	Potential of Hydrogen
pmol	:	Picomol
RGA	:	Resistance gene analogue
CP	:	Coat protein
BLAST	:	Basic local alignment search tool
Fig.	:	Figure
NCBI	:	National center for biotechnology information
CTAB	:	Cetyl trimethyl ammonium bromide
rpm	:	Rotation per minute

CAPÍTULO 1

INTRODUÇÃO

O feijão indiano [Lablab purpureus (L.) Sweet] pertence à família Leguminosae (Fabaceae), subfamília Papilionacae e género Lablab com um número cromossómico variável de 2n= 20 ou 22 ou 24. [th]É originária da Índia e foi introduzida em África a partir do Sudeste Asiático durante o século XX (Deka e Sarkar, 1990). No entanto, de acordo com Maass et al. (2016), o Lablab é originário da África Oriental e Austral. É vulgarmente designado por feijão jacinto, feijão bonavista, feijão manteiga, feijão dolichos, feijão do campo e feijão egípcio, "Wal, Papadi e Valor" no estado de Gujarat. Na Índia, os principais Estados produtores de feijão são Karnataka, Tamil Nadu, Andhra Pradesh, Maharashtra e Gujarat. O Karnataka dá um contributo importante, representando aproximadamente 90% da área e da produção do país (Padma et al., 2020). Em Gujarat, ocupa uma área de 1,48 milhões de hectares, com uma produção de 0,89 milhões de toneladas e uma produtividade de 600 kg/ha (Anon., 2021). É cultivado principalmente como uma cultura mista com milheto, amendoim, rícino, milho, bajra e sorgo. No entanto, também é cultivada como cultura única em condições de sequeiro e de regadio na Ásia e em África. É uma cultura polivalente cultivada para leguminosas ou vegetais verdes para consumo humano ou como forragem para animais (Murphy e Colucci, 1999). Para além de uma cultura alimentar e forrageira, o feijão é frequentemente cultivado como supressor de ervas daninhas, como cultura de cobertura para evitar a erosão do solo ou como cultura de adubo verde. O feijão pode ser cultivado numa vasta gama de climas e tipos de solo (Liu 1996; Murphy e Colucci 1999; Pengelly e Maass, 2001). O feijão apresenta uma grande variedade de hábitos de crescimento, sendo o tipo arbustivo o mais cultivado, amadurecendo em 60 dias após a sementeira num clima tropical e produzindo em média 700 a 2000 kg/ha. O feijão trepador pode amadurecer em 100 a 120 dias em altitudes médias e pode produzir os maiores rendimentos para a cultura até 5000 kg/ha (Dholakia et al., 2019). Os feijões são naturalmente ricos em hidratos de carbono, proteínas, gordura e fibras, bem como em minerais, incluindo cálcio, fósforo e ferro (Naeem et al., 2009). A composição das vagens verdes de feijão indiano por 100 g de porção comestível, 86,1 g de humidade, 3,8 g de proteínas, 0,7 g de gordura, 6,7 g de hidratos de carbono, 68,0 mg de fósforo, 1,7 mg de ferro e 210,0 mg de cálcio. Contém ainda vestígios de tiamina 0,1 mg, niacina 0,7 mg, riboflavina 0,06 mg. É uma fonte rica em vitamina A (617,0 UI). Para além dos nutrientes, o feijão-da-índia, tal como outros grãos de leguminosas, pode conter factores antinutricionais como taninos, ácido fítico e inibidores de tripsina em diferentes níveis. Os antinutrientes nos grãos de leguminosas limitam a absorção e a biodisponibilidade dos nutrientes (Kilonzi et al., 2017). A maioria das variedades autóctones ou cultivares desta cultura tem um padrão de crescimento indeterminado e é sensível ao fotoperíodo e à temperatura. Para além disso, existem muito poucas variedades foto-insensíveis e determinadas disponíveis para cultivo. O cultivo solitário, bem como a cultura intercalar, é possível devido à floração e maturidade síncronas, aos hábitos de crescimento determinados e à floração insensível ao fotoperíodo, especialmente nas culturas de plantação (Keerthi et al., 2014). As leguminosas desempenham um papel importante no controlo da erosão do solo, na gestão da fertilidade do solo e na resolução de desequilíbrios de nutrientes no gado. Numerosos agentes patogénicos infectam e influenciam o cultivo do feijão indiano, resultando em mais de dez doenças diferentes. Estas doenças são causadas por bactérias, fungos, vírus e nemátodos. Felizmente, a maioria das doenças tem apenas importância local, mas algumas doenças têm um impacto global; sabe-se que uma delas é a doença do mosaico amarelo, que afecta uma série de leguminosas no país. Os sintomas da doença são muito semelhantes em todas as plantas hospedeiras e, por conseguinte, é frequentemente considerada como sendo causada pelo mesmo vírus. Varma et al. (1992) referiram que o mosaico amarelo do feijão-mungo, do feijão-frade, do feijão-frade e da soja provoca uma perda anual de 300 milhões de dólares na Índia. Atualmente, sabe-se que quatro vírus distintos, nomeadamente o vírus do mosaico amarelo do feijão-mungo da Índia (MYMIV), o vírus do mosaico amarelo do feijão-mungo (MYMV), o vírus do mosaico amarelo da grama-da-índia (HYMV) e o vírus do mosaico amarelo dos dolicósporos (DYMV), causam a doença do mosaico amarelo em diferentes culturas de leguminosas e são coletivamente designados por vírus do mosaico amarelo das leguminosas (LYMVS) (Qazi et al., 2007). A história da doença do mosaico amarelo remonta à época pré-partição do país. A DMJ foi registada pela primeira vez no feijão-frade em Lyllpur por Vasudeva (1942). Pouco depois, foi registada em Pune, no oeste da Índia, em Phaseolus lunatus por Capoor e Varma (1948) e em Dolichos lablab por Capoor e Varma (1950). Mais tarde, uma doença semelhante do mosaico amarelo foi registada pela primeira vez no feijão-mungo por Nariani (1960), que designou o agente causal putativo como MYMV. Mais tarde, Ahmad e Harwood (1973) registaram uma doença semelhante do feijão-mungo no Paquistão. Atualmente, a DMJ é um grande obstáculo à produção da maioria das principais culturas de leguminosas no subcontinente indiano (Qazi et al., 2007). A DMJ foi registada no feijão-mungo (Williams et al., 1968), no feijão-mungo (Nene, 1973), na ervilha-de-angola (Williams et al. 1968, Nene, 1972), na grama-forrageira (Muniyappa et al., 1975) e no feijão-frade (Singh, 1979). A doença do mosaico amarelo é causada pela espécie DYMV, pertencente ao género Begomovirus da família Geminiviridae. O maior número de plantas que infectam vírus ssDNA pertence ao género Begomovirus, que são transmitidos pelo vetor Bemisia tabaci. Os Begomovírus consistem em componentes genómicos circulares de ADN de cadeia simples encapsulados em partículas geminadas de 18 × 30 nm. O seu genoma divide-se em dois (genoma bipartido, ADN A e ADN B). O ADN-A do begomovírus codifica os genes que regem a replicação e o encapsulamento e o ADN B codifica as proteínas que facilitam o movimento intra e intercelular. A doença é caracterizada por manchas amarelas a amarelas brilhantes, e o desprendimento de nervuras nas folhas e o amarelecimento das folhas, esta doença causa perdas de rendimento de 10 a 100 %. Apesar da gravidade dos danos causados pela DMJ, o desenvolvimento de uma cultivar de resistência adequada contra a DMJ através do melhoramento convencional não foi bem sucedido. Por conseguinte, é uma estratégia ideal procurar marcadores RGA associados à resistência ao YMV em genótipos de feijão indiano. Os marcadores moleculares ambientalmente insensíveis estão a ser ampla e eficientemente utilizados para seguir adequadamente o padrão de herança de vários traços agronómicos desejáveis (Peleman e van dervoort, 2003), enquanto a seleção de genes de resistência a uma escala fenotípica é morosa (Procunier et al., 1997). É, por conseguinte, uma estratégia ideal procurar marcadores de ADN ligados à resistência ao YMV, o que é importante na medida em que a presença do gene de resistência (R) ou de uma etiqueta para o mesmo pode ser rapidamente detectada para rastrear a população para a reação ao YMV. Os genes R conferem às plantas resistência a doenças contra agentes patogénicos através da codificação de proteínas R. Quando a proteína R detecta um sinal da presença de bactérias, vírus, fungos, nemátodos ou insectos, induz uma resposta de defesa contra o agente patogénico/inseto em causa. O advento de ferramentas avançadas de análise molecular e de sequências tornou possível clonar e transferir genes R de uma espécie de planta para outra, a fim de a tornar resistente à doença. A principal classe de genes R contém domínios do recetor de toll-interleucina-1 (TIR), do sítio de ligação de nucleótidos (NBS) e/ou da repetição rica em leucina (LRR), sendo frequentemente designados por genes R (TIR-NBS-LRR) (McHale et al. 2006, Knepper e Day, 2010). Foram isolados genes que conferem resistência às principais classes de agentes patogénicos das plantas (bactérias, fungos, vírus e nemátodos) de várias espécies de plantas mono e dicotiledóneas (Baker et al., 1997; Gebhardt, 1997 e Hammond et al., 1997). A comparação das sequências dos R-genes conhecidos revelou semelhanças notáveis na estrutura geral e na conservação de domínios específicos que participam na interação proteína-proteína e na transdução de sinais (Baker et al., 1997 e Gassmann et al., 1999). Com base em motivos conservados, semelhanças estruturais e funcionais, os genes R de várias plantas foram agrupados em cinco classes (Hammond-Kosack e Jones, 1997; Gebhardt, 1997). A maioria destes genes contém repetições ricas em leucina (LRR) e domínios/sítios de ligação a nucleótidos (NBD/NBS). Os genes da classe I codificam proteínas semelhantes a receptores citoplasmáticos que contêm um domínio LRR e um domínio NBS. Os genes de resistência das plantas (R-genes) são um componente importante do mecanismo de resistência genética das plantas e mais de 70 R-genes para os principais agentes patogénicos das plantas foram isolados de diferentes espécies vegetais por clonagem baseada em mapas ou marcação de transposões (Sharma et al., 2005). As sequências dos genes de resistência vegetal clonados que conferem resistência a diversos agentes patogénicos, nomeadamente vírus, fungos e bactérias, apresentam semelhanças de sequência e motivos estruturais. A maioria dos genes clonados contém um sítio conservador de ligação a nucleótidos (NBS), que é crucial para a ligação de ATP ou GTP (Saraste et al, O elevado grau de semelhança de sequência entre os genes R da classe NBS-LRR foi utilizado para conceber primers degenerados para utilização na reação em cadeia da polimerase (PCR), como método de deteção de análogos de genes de resistência (RGAs). Este método foi muito bem sucedido na amplificação e clonagem de genes R ou RGAs, particularmente em soja (Kanazin et al., 1996). A análise genética mostrou que os RGAs são frequentemente mapeados para loci conhecidos de resistência a doenças, onde tendem a ocorrer em grupos (Leister et al., 1996). Meyers et al. (1999) referiram que mais de 1 % do genoma de A. thaliana pode corresponder aos genes R do tipo NBS, e os estudos de mapeamento genético dos RGAs provaram que estes segregam conjuntamente com marcadores de resistência a doenças fúngicas (Aarts et al., 1998). Os RGAs também foram associados a loci de caraterísticas quantitativas (QTL) para resistência (Pflieger et al., 1999 e Geffroy et al., 2000). A gestão das doenças é muito difícil, uma vez que não existe nenhum produto químico eficaz para controlar a multiplicação dos vírus. A única e mais eficaz linha de ação nas condições actuais parece ser a produção de cultivares resistentes à febre catarral ovina persistente. A rápida mutação do vírus resulta no aparecimento de novas espécies, estirpes e raças. (Nawaz e Fauquet, 2009; Azhar et al., 2010). Uma variedade de resistência pode ser quebrada por estirpes recentemente desenvolvidas. A criação de novas variedades depende da identificação de um gene de resistência especial e da sua incorporação numa variedade com melhores caraterísticas agronómicas, enquanto a seleção fenotípica de genes resistentes requer tempo. Por conseguinte, a procura de marcadores RGA ligados à resistência à DMJ em genótipos de feijão indiano é a melhor forma de atuar. Tendo em conta os factos acima referidos e a necessidade de um rastreio dos genes de resistência que conferem resistência ao vírus do mosaico amarelo, o presente estudo, intitulado "Screening of resistance gene analogue marker(s) in Indian bean [Lablab purpureus (L.) Sweet] against yellow mosaic disease" (Rastreio de marcadores análogos de genes de resistência no feijão indiano [Lablab purpureus (L.) Sweet] contra a doença do mosaico amarelo), foi realizado com genótipos determinados com os seguintes objectivos

I. Seleção de genótipos de feijão indiano [Lablab purpureus (L.) Sweet] resistentes e susceptíveis à doença do mosaico amarelo em condições de campo

II. Identificação do(s) marcador(es) RGA associado(s) ao gene de resistência

CAPÍTULO 2

REVISÃO DA LITERATURA

A doença do mosaico amarelo foi registada pela primeira vez no feijão-frade em Lyllpur por Vasudeva (1942). Pouco depois, foi registada em Pune, na Índia ocidental, em Phaseolus lunatus por Capoor e Varma (1948) e em Dolichos lablab por Capoor e Varma (1950). Mais tarde, Yaraguntaiah e Govindu (1964) também registaram o DYMV em Bangalore. Basavaraja e Keshavamurthy (1992) registaram o vírus do mosaico do dolichos no feijão-caupi na UAS, GKVK, Bangalore. Foi observado pela primeira vez no feijão-mungo numa exploração experimental do Indian Agricultural Research Institute, Nova Deli, em 1955. A doença foi descrita pela primeira vez por Nariani em 1960 e mais tarde designada por MYMV (mungbean yellow mosaic virus). Mais tarde, a doença do mosaico amarelo foi registada no Paquistão e no Bangladesh (Ahmad 1975, Jalaluddin e Shaikh, 1981). Sabe-se que a doença do mosaico amarelo ocorre em países asiáticos como a Índia, o Bangladesh, o Sri Lanka, o Paquistão, as Filipinas, Myanmar, o Nepal, a Tailândia, a Malásia, a Indonésia e Taiwan, onde quer que haja culturas de leguminosas. Na Índia, foi registada em Punjab, Haryana, Deli, Uttar Pradesh, Himachal Pradesh, Uttrakhand, Rajasthan, Madhya Pradesh, Bihar, Orissa, Chhattisgarh, Gujarat, Kerala, Andhra Pradesh, Tamil Nadu e Karnataka (Karthikeyan et al., 2014) e surgiu como uma ameaça potencial para o cultivo de leguminosas. A revisão da literatura relativa ao rastreio da resposta à infeção por YMD e à identificação do(s) marcador(es) RGA associado(s) ao gene de resistência é apresentada neste capítulo.

2.1 RASTREIO DA RESPOSTA À INFECÇÃO POR YMD

Rishi e Dhawan (1987) efectuaram ensaios de campo com sessenta e quatro genótipos de feijão contra o mosaico do feijoeiro e o mosaico amarelo do feijoeiro, tendo verificado que os genótipos HD-91, HD-104, HD-98, HD-66, HD-10 e HD-93 são tolerantes ao mosaico amarelo do feijoeiro.

Singh et al. (1994) registaram oitenta e seis cultivares de Dolichos lablab contra o intergeminivírus do mosaico amarelo do dolichos em condições naturais de campo em Uttar Pradesh, doze das quais foram consideradas altamente resistentes, quinze resistentes, vinte moderadamente resistentes e as restantes moderadamente a altamente susceptíveis. Ghafoor et al. (2000) avaliaram quatrocentos e oitenta e quatro genótipos de grama-preta/milho (Vigna mungo) em relação a várias caraterísticas agronómicas e ao vírus do mosaico amarelo do feijão-mungo (MYMV) no campo, tendo constatado que trezentos e trinta e quatro genótipos eram tolerantes e cento e cinquenta genótipos eram susceptíveis ao MYMV.

Thira et al. (2004) analisaram cento e setenta e seis linhas de germoplasma e trinta e cinco cultivares de soja contra o vírus do mosaico amarelo da soja em condições de campo. Uma única linha de germoplasma foi agrupada como resistente, nove linhas moderadamente resistentes, catorze linhas moderadamente susceptíveis, dezasseis linhas susceptíveis e cento e trinta e seis linhas altamente susceptíveis. Entre trinta e cinco cultivares, uma foi considerada sem sintomas, vinte e cinco altamente resistentes, cinco resistentes e quatro susceptíveis.

Sharma et al. (2004) avaliaram dezoito cultivares de grama preta quanto à resistência à mosca branca e ao vírus do mosaico amarelo e selecionaram a cultivar IPU-95-13 como altamente tolerante ao vírus do mosaico amarelo. Yaqoob (2007) estudou sessenta e seis linhas de germoplasma de feijão-miúdo contra o vírus do mosaico amarelo (YMV) em condições de campo, entre as quais apenas seis mostraram linhas de germoplasma resistentes/tolerantes e quarenta e duas eram linhas de germoplasma altamente susceptíveis ao YMV. Kumar et al. (2008) analisaram quinhentos genótipos diversos de soja relativamente à doença do vírus do mosaico amarelo em condições de campo, utilizando uma escala de 0-9. Um conjunto de duzentos e sessenta genótipos apresentou reacções inequívocas de resistência e suscetibilidade. Com base na despistagem da doença durante dois anos, foram identificados noventa e seis genótipos, incluindo quarenta e oito genótipos resistentes e susceptíveis, que revelaram reacções consistentes à doença do YMV ao longo dos anos.

Singh et al. (2012) estudaram trezentos genótipos de feijão Dolichos (Lablab purpureus) que foram selecionados contra a doença do vírus do mosaico amarelo dos dolichos (DYMV). Subsequentemente, progénies autofecundadas de trinta e seis linhas sem sintomas foram desafiadas por inoculação de seiva em condições de campo, das quais apenas três genótipos, a saber, VRSEM-894, VRSEM-887 e VRSEM-860, não apresentaram quaisquer sintomas. Utilizando o sistema radicular de um genótipo suscetível (Ankur Goldy), estes três genótipos supostamente sem sintomas foram ainda desafiados por enxertia, enquanto quatro linhas moderadamente resistentes e susceptíveis mostraram a amplificação de um fragmento de ADN de 750 pb, específico do genoma viral. Talukdar et al. (2013) analisaram cem genótipos de soja para a doença do vírus do mosaico amarelo (YMV). Identificaram um conjunto de vinte e nove genótipos com níveis mais elevados de resistência de forma consistente ao longo dos anos. A incidência de resistência ao YMV estudada nas populações F_1 e F_2 de três cruzamentos envolvendo duas variedades altamente resistentes DS9712 e DS9814 e dois genótipos altamente susceptíveis JS335 e P15420 indicou que a resistência é dominante e é controlada por um único gene principal.

Baruah et al. (2014) relataram quarenta e quatro genótipos de soja para a incidência de resistência ao vírus do mosaico amarelo (YMV). Trinta e um genótipos apresentaram suscetibilidade moderada sem qualquer perda de rendimento. Os genótipos JS335 foram identificados como os altamente susceptíveis com o maior grau de incidência. Os genótipos DS9712 e DS9814 foram considerados altamente resistentes à infeção pelo YMV.

Kumar et al. (2014) estudaram quinhentas linhas de germoplasma de soja, colhidas em diferentes partes do mundo e analisaram a reação do vírus do mosaico amarelo (YMV) à doença em pontos críticos do YMV durante três anos consecutivos.

Mugisa et al. (2014) relataram a caraterização molecular do vírus do mosaico amarelo do mungbean que infecta o mungbean no sul de Gujarat, a amplificação por PCR foi feita usando o par de primers (FLDNAAF + FLDNAAR), que mostrou uma banda de ~1300 pb da molécula de DNA-A. Um fragmento contendo 1285 pb foi obtido no sequenciamento, que foi depositado no GeneBank, NCBI (N° de acesso JQ004982). Na sequenciação, obteve-se um fragmento com 1285 pb, que foi depositado no GeneBank, NCBI (n.° de acesso JQ004982). A correspondência adicional da ORF com outros Begomovírus confirmou que o vírus é um Begomovírus. Foi efectuado um alinhamento local básico para análise do índice de semelhança e CLUSTALW2. Foram efectuados alinhamentos de sequências de nucleótidos múltiplos para parte do ADN-A do isolado de vírus com outros registados na Índia e em todo o mundo. Os resultados do vírus sequenciado revelaram uma identidade máxima de 99% com o MYMV-Vig, seguida de 97% de identidade de sequência com o MYMV- IN:Vam:05, MYMV-Sb Mad, MYMV-IN: Mah: Sb: 99. Outros vírus que estavam estreitamente relacionados foram MYMV-TH:Mg1, MYMV-Vig, com 96% de identidade de sequência, MYMV-PK:Isl:Sb:00,MYMV-IN:Har:01. Foram construídas duas árvores filogenéticas a partir das sequências alinhadas. Maheshwari et al. (2014) referiram que o gene da proteína do revestimento do YMV foi amplificado utilizando primers específicos do gene e primers universais deng com ADN isolado de amostras infectadas com YMV. A análise da sequência do gene CP revelou que o vírus identificado era homólogo ao MYMV. A árvore filogenética e o alinhamento de pares mostraram que o YMV isolado de Blackgram, Cowpea e Greengram se agrupa claramente com a sequência MYMV-TN (DQ400848.1) depositada no NCBI GenBank. Verificou-se que o índice de semelhança das sequências do gene MYMV depositadas na base de dados NCBI era de 98,8% em relação ao Bg-YMV CP1, 98,2% em relação ao Cp-YMV CP1 e 96,1% em relação ao gene Mb- YMV CP1. Enquanto o Hg-YMV CP1i foi considerado 99,1 por cento semelhante ao HYMV (AJ627904.1). Estes dados indicaram a presença de dois YMV distintos na região de Tamil Nadu (espécies MYMV e HYMV) e a existência de uma variação genética considerável entre estas espécies.

Renuka (2014) analisou cento e dez genótipos de feijão em condições de campo contra a doença do vírus do mosaico dos dolichos (DMV). Dos cento e dez genótipos, Kadale avare apresentou uma reação moderadamente resistente, quatro genótipos apresentaram uma reação moderadamente suscetível, oitenta e oito genótipos apresentaram uma reação suscetível e dezassete genótipos apresentaram uma reação altamente suscetível ao DMV.

Akram et al. (2015) relataram a caraterização do genoma completo do vírus do mosaico amarelo dos dolichos com base na comparação de sequências, recombinação genética e relação filogenética, onde o genoma completo do isolado DoYMV (KJ481204 e KJ481205) que infecta dolichos foi caracterizado. O ADN-A do DoYMV é constituído por 2761 nucleótidos e o ADN-B por 2733 nucleótidos, com uma organização do genoma típica dos begomovírus bipartidos do Velho Mundo. A identidade de nucleótidos do ADN-B (KJ481205) do DoYMV com o ADN-B de outros legumovírus foi de 57,5-61,0%. Ambos os componentes contêm um não-anucleótido e sequências de repetição invertida conservadas com o potencial de formar um laço de caule. A identidade nucleotídica da região comum do DoYMV foi de 90,3%, acima do limiar de identidade nucleotídica (>85%) para considerar uma molécula de ADN-B como cognata do ADN-A de um begomovírus. Foram detectados quatro eventos de recombinação no ADN-A e dois no ADN-B do isolado de DoYMV. A análise filogenética das sequências de ADN-A dos begomovírus indicou que o DoYMV-[IN:Knp:14] se agrupou com os legumovírus separadamente dos begomovírus que infectam hospedeiros não leguminosos.

Meghwal et al. (2015) avaliaram duzentas e quatro linhas de feijão-traça [Vigna aconitifolia (Jacq) Marechal] para resistência ao vírus do mosaico amarelo do feijão mungo (MYMV), a maioria das linhas foi destruída pelo vírus do mosaico amarelo. Das duzentas e quatro linhas de feijão-traça, treze linhas apresentaram resistência/tolerância à doença em termos de intensidade ou nível de sintomas que aparecem em plantas individuais.

Jameel et al. (2016) estudaram a identidade do agente etiológico da DMJ e identificaram as fontes de resistência da grama verde e da grama preta contra a DMJ. Dos doze genótipos de grama verde, apenas dois genótipos, Meha e ML 1477, e dois dos oito genótipos de grama preta, KU 323 e BS 23-13, foram registados como resistentes ou altamente resistentes. Pancheshwar et al. (2016) analisaram setenta e duas linhas de germoplasma de soja para a doença do vírus do mosaico amarelo (YMV). Das setenta e duas linhas de germoplasma de soja, nenhum genótipo apresentou uma reação de resistência absoluta, no entanto, quarenta genótipos apresentaram uma resistência elevada. Além disso, dezasseis genótipos apresentaram uma reação moderadamente resistente e os restantes genótipos apresentaram duas reacções moderadamente susceptíveis, oito susceptíveis e seis altamente susceptíveis contra o YMV.

Renuka et al. (2016) relataram setenta e cinco genótipos de feijão de campo rastreados em estufa contra o vírus do mosaico dos dolichos (DMV) e concluíram que Kadale avare apresentou uma reação moderadamente resistente, também vinte e dois genótipos apresentaram uma reação suscetível e os restantes cinquenta e dois genótipos apresentaram uma reação muito sensível. Um total de sessenta e dois genótipos de Pendal avare foram analisados em relação às linhas do vírus do mosaico do dolichos. Sete genótipos, GLP-44, GLP-41, GLP-42, GLP-2, GLP-40, GLP-65 e GLP-68, apresentaram uma reação resistente ao DMV em condições de estufa, vinte e um genótipos apresentaram uma reação moderadamente resistente, catorze genótipos apresentaram uma reação suscetível, catorze genótipos apresentaram uma reação moderadamente suscetível e os restantes seis genótipos apresentaram uma reação muito suscetível ao DMV.

Bhanu et al. (2017) avaliaram genótipos de feijão-mungo contra o vírus do mosaico amarelo do feijão-mungo (MYMV) em condições naturais de campo durante o verão de 2015. A resposta diferencial contra o MYMV foi observada e os resultados revelaram que a maioria dos genótipos estudados foram caracterizados como moderadamente suscetíveis a altamente suscetíveis. Apesar da resposta variável ao MYMV, os genótipos de feijão-mungo IPM 02-03, KM 2241, PDM 139, Pusa 0672, HUM 16, ML 1464 e TARM-1 apresentaram resistência ao MYMV.

Das et al. (2017) relataram que vinte e sete variedades de soja foram testadas contra o YMV em condições naturais. Apenas três variedades viz. PS 19, JS 9752 e PK 564 foram consideradas altamente resistentes. treze variedades i.e, RKS 18, Kalitur, RAUS 5, PK 1042, Shilajeet, PS 1241, MAUS 71, PK 1024, PK 416, Alankar, Bragg, Ankur e PK 262 foram consideradas resistentes. Sete variedades (NRC 37, PK 472, PK 1092, Indira Soya 9, PS 1029, NRC 37 e PS 1347) foram classificadas como moderadamente resistentes e duas variedades (PK 327 e JS 20-29) foram consideradas moderadamente susceptíveis. Apenas uma variedade, ou seja, JS 335, foi considerada suscetível, enquanto nenhuma das variedades foi considerada altamente suscetível.

Devi et al. (2017) analisaram dezasseis genótipos de grama-preta para a doença do mosaico amarelo em condições de campo, tendo identificado nove genótipos como resistentes, um como moderadamente resistente, quatro como susceptíveis e dois como altamente susceptíveis. Nenhum genótipo foi considerado imune ou altamente resistente à doença do mosaico amarelo.

Jayappa et al. (2017) rastrearam uma centena de cultivares de mungbean contra a resistência à doença do mosaico amarelo, três genótipos, nomeadamente LGG-593, KMP-24 e KMP-40, foram considerados moderadamente resistentes, dezanove genótipos viz, KMP-4, KMP-22, VBN-2-3, LGG-594, MGG-40-1, JNG-13, TK-6-1, BGG-1, VBN-2-3, LGG-410, LGG-410,

KKM-3-1, ICC-12947, LGG-592, KMP-1, KMP-22, KMP-23, KMP-17 e KMP-4 foram considerados moderadamente suscetíveis, totalizando sessenta e seis e doze genótipos foram considerados suscetíveis, respetivamente, altamente suscetíveis.

Malik et al. (2017) avaliaram duas importantes espécies de leguminosas, ou seja, genótipos de feijão-frade e de feijão-traça numa experiência de campo durante a Kharif 2017. Dezoito e nove linhas de feijão-caupi e feijão-traça, respetivamente, foram analisadas contra o vírus do mosaico amarelo. Foram encontradas apenas duas entradas, nomeadamente, GC 3 e PTBCP-4, que registaram reações resistentes no caso do feijão-frade, enquanto apenas uma entrada mostrou resistência contra o vírus do mosaico amarelo no caso do feijão-traça. Amrate et al. (2018) identificaram uma fonte de resistência contra doenças do vírus do mosaico amarelo (YMV) na soja. Cento e dezanove linhas de germoplasma, incluindo cinco controlos, ou seja, JS 335, JS 93-05, JS 97-52, Punjab 1 e TAMS 38, foram avaliadas em condições de campo. Entre sessenta e três germoplasmas, verificou-se que eram absoluta/altamente resistentes às doenças do mosaico amarelo da soja, respetivamente. Considerando a resistência múltipla, apenas dezassete germoplasmas, ou seja, CAT 1483, CAT 1847, CAT 1927, CAT 411B, CAT 418, CAT 87, CAT 783, Himso 1681, JS 20-19, JS 20-21, JS 20-27, JS 21-05, JS 21-17, SL 710, SL 738, SL 900, SL 955, apresentaram uma reação de resistência absoluta/elevada contra o YMV.

Bharath et al. (2018) relataram cento e sessenta e cinco genótipos de soja cultivados em desenho aumentado, testados contra o vírus do mosaico amarelo (YMV) no N. E. Borlaug Crop Research Center, GBPUA&T, Pantnagar. Nenhum dos genótipos se revelou imune ao vírus do mosaico amarelo, mas dois genótipos, PS 1225 e PS 1480, revelaram-se altamente resistentes ao YMV. Os restantes genótipos apresentaram reacções variadas às doenças em causa, desde moderadamente resistentes a altamente susceptíveis.

Dharajiya et al. (2018) avaliaram trinta e cinco genótipos de feijão-mungo para identificar a fonte de resistência contra o vírus do mosaico amarelo do feijão-mungo (MYMV) durante o Kharif-2013. Dos trinta e cinco genótipos de feijão-mungo, cinco foram considerados altamente resistentes, seis eram resistentes e sete eram moderadamente resistentes. Enquanto oito genótipos foram considerados moderadamente susceptíveis, sete eram susceptíveis e dois eram altamente susceptíveis. Cinco genótipos, a saber, Meha, Bada Mung 7, KM 2245, IPM 0205-7 e IPM 02-3, foram considerados altamente resistentes durante a investigação apresentada, que pode ser usada para o desenvolvimento da população de mapeamento para o desenvolvimento de variedades resistentes ao MYMV. (2018) estudaram a herança da resistência ao vírus do mosaico amarelo (YMV) estudada nas populações F_1 e F_2 de até quatro cruzamentos envolvendo duas variedades altamente resistentes UPSM-534 e PK-416 e dois genótipos altamente suscetíveis JS-335 e AMS-353 designaram que a resistência é dominante e controlada por um único gene principal.

Prema e Rangaswamy (2018) estudaram a deteção molecular e a caraterização do gene da proteína do revestimento do vírus do mosaico amarelo do feijão-mungo (MYMV) de Karnataka. um tamanho de banda esperado de aproximadamente 1000 pb foi amplificado a partir dos primers MYMV-CP-F/MYMV-CP-R, concebidos especificamente para o MYMV. O comprimento real do MYMV obtido foi de 889 pb, incluindo 115 pb de proteínas do pré-revestimento na extremidade 5', 774 pb de proteína do revestimento central e 257 aminoácidos deduzidos.

Bachkar et al. (2019) examinaram trinta e seis genótipos de soja para verificar a infecciosidade do vírus do mosaico da soja em genótipos de soja em condições naturais. O rastreio de campo dos genótipos de soja revelou que, dos trinta e seis genótipos, dois eram resistentes (PS-1589 e PS-1587), enquanto sete eram moderadamente resistentes (RVS2009-09, AMS-MB-5-19, SL-1104, MASC-1520, RSC-10-70, SL-1113 e JS-9305) ao SMV em condições de campo, três genótipos (RVS-2009- 09, RSC-10-70 e JS-9305) foram classificados como susceptíveis, enquanto dois genótipos (AMS-MB-5-19 e MASC-1520) apresentaram uma reação moderadamente suscetível ao vírus do mosaico da soja.

Madhumitha et al. (2019) relataram a caraterização baseada na proteína do revestimento do vírus do mosaico amarelo de Mungbean em Tamil Nadu, a sequência obtida foi comparada com as outras sequências de begomovírus selecionadas da base de dados NCBI blast. Verificou-se que os resultados mostram uma elevada identidade de sequência com o MYMV (100%). A análise filogenética da sequência do gene CP do nosso isolado com begomovírus selecionados mostrou um agrupamento com o isolado de MYMV com mais homologia. Enquanto, em contraste, foi observada menor homologia entre o isolado MYMIV, confirmando que o begomovírus que causa a doença do mosaico amarelo do feijão mungo é explorado como uma cepa de MYMV e não como MYMIV entre nossos isolados de localização geográfica. Raj et al. (2019) rastrearam cinquenta genótipos de grama verde durante o verão de 2015, para identificar os genótipos resistentes ao vírus do mosaico amarelo do feijão-mungo (MYMV). O rastreio da doença para o MYMV foi realizado em condições naturais de campo, utilizando linhas infetantes de genótipo altamente suscetível, KPS 2, quando a população de vetores era elevada. Com base na pontuação média do MYMV, os genótipos foram classificados em cinco grupos: três resistentes, doze moderadamente resistentes, treze moderadamente susceptíveis, dez susceptíveis e doze altamente susceptíveis.

Singh e Aravind (2019) relataram que dezasseis genótipos de soja promissores foram analisados em condições epifitóticas naturais durante treze anos quanto à sua resistência à doença do mosaico amarelo da soja (SYMD) e à doença do mosaico da soja (SMD). Os resultados revelaram que nenhum dos genótipos apresentou uma reação de resistência absoluta à SYMD ou à SMD. Entre os dezasseis genótipos, cinco genótipos foram considerados resistentes apenas à SMD com um grau de doença de um. Os oito genótipos JS-72-280, Pb-1, Bragg, NRC-7, VLS-58, JS-7244, PK-472 e PK-262 apresentaram uma reação moderadamente resistente, com um grau de doença de três, enquanto os genótipos JS-7546, JS-7105, KHSb-2 e JS-335 foram considerados moderadamente susceptíveis tanto à SYMD como à SMD. Os dois genótipos JS7546 e JS 7105 apresentaram reacções susceptíveis à SYMD ou à SMD, com uma gravidade da doença de sete graus.

Jyothi et al. (2020) analisaram cento e sete genótipos de feijão-mungo contra o vírus do mosaico amarelo do feijão-mungo (MYMV) durante a estação do verão em condições de campo. Os genótipos foram classificados em resistentes e susceptíveis em função da gravidade da doença. A resposta diferencial dos acessos de feijão-mungo ao MYMV foi determinada e a maioria dos genótipos estudados foi classificada como suscetível a moderadamente suscetível. Apesar da resposta variável ao MYMV, os genótipos HUM 1, KM 15, KM 16, KM 24, KM 28, KM30, KM 36, KM 39, KM45, KM 47, KM 49, KM 51, KM 60, KM70, KM78 e KM 79 apresentaram uma reação resistente à doença MYMV: catorze foram moderadamente resistentes e trinta foram moderadamente susceptíveis. Os restantes trinta acessos foram classificados como susceptíveis e quarenta e três como altamente susceptíveis ao MYMV.

Mishra et al. (2020) analisaram cinquenta e três genótipos de soja resistentes ao vírus do mosaico amarelo (YMV). Durante o estudo de campo, verificou-se que onze genótipos eram altamente resistentes, vinte e seis resistentes, seis moderadamente resistentes, quatro moderadamente susceptíveis e três susceptíveis, enquanto três genótipos, nomeadamente JS335, JS 97-52 e RVS 2001-4 foram considerados altamente susceptíveis.

Naveesh et al. (2020) analisaram quarenta e três genótipos de soja para a doença do vírus do mosaico amarelo da soja (SYMV) em condições de estufa, utilizando moscas brancas virulíferas (Bemisia tabaci) através do método de inoculação artificial do vírus. Entre quarenta e três genótipos, nenhum deles foi considerado altamente resistente à doença, enquanto onze genótipos, a saber KDS-378, RKS-118, Bragg, DS-2706, DSb-25, Dsb-23, MAUS-2, DSb-21, DS-2708, DS-2006, e DS-2707 foram considerados moderadamente resistentes (MR) ao vírus do mosaico amarelo da soja (SYMV), seis genótipos mostraram-se moderadamente susceptíveis ao SYMV, vinte e um genótipos mostraram uma reação suscetível ao SYMV e cinco genótipos mostraram-se altamente susceptíveis ao SYMV, a saber JS-335, JS-20, B20-41, RVS- 208, CSB-904.

Das et al. (2021) relataram que setenta e um genótipos de feijão francês foram rastreados contra a doença do mosaico amarelo do cavalo-grama (HYMD) num desenho de blocos completos aleatórios (RCBD) com três replicações sob epifitóticas naturais, bem como uma condição artificial durante o verão de 2018, foram encontradas duas variedades i.e., Jade-5058 e Arka Arjun mostraram-se resistentes, as linhas de reprodução avançadas IPS-2, IIHR-(19X34)-9 IPS, IIHR-(19X34)-9 IPS-1, IIHR-(19X34)-9 e a variedade slenderette foram moderadamente resistentes, foram trinta e seis e vinte e oito genótipos, respetivamente, susceptíveis e altamente susceptíveis à reação à HYMD.

Dharajiya et al. (2021) referiram que trinta e cinco genótipos de feijão-mungo foram testados contra o vírus do mosaico amarelo do feijão-mungo (MYMV) em condições de campo durante duas estações contagiosas e associaram marcadores moleculares à resistência ao MYMV. No total, dois genótipos, nomeadamente Meha e IPM 0205-7, foram altamente resistentes ao MYMV em condições de campo e também amplificaram marcadores de resistência ao MYMV.

Gaikwad et al. (2021) relataram no oeste de Maharashtra para medir a incidência natural da doença do mosaico amarelo da soja na estação Kharif de 2018. Entre os sete distritos inquiridos em Maharashtra Ocidental para a incidência da doença do mosaico amarelo da soja, a maior incidência média da doença foi registada em Sangli (27,87%) e a menor registada no distrito de Solapur (17,66%).

Gokidi et al. (2021) avaliaram um conjunto de quarenta e dois genótipos de feijão-mungo para conhecer a diferença no nível de resistência contra a infeção pelo vírus do mosaico amarelo do feijão-mungo (MYMV) em condições de campo durante o verão de 2015. Dos quarenta e dois genótipos de feijão-mungo, treze genótipos, a saber, Pusa 0672, IPM 205-7, HUM 8, KM 2245, IPM-2-03, ML 1464, KM 2241, PDM-139, TARM-1, HUM 26, Meha, HUM 16 e IPM 409-4 foram consideradas resistentes e podem fornecer a fonte de resistência contra MYMV para desenvolver uma população de mapeamento para melhoramento molecular, desenvolvimento de marcadores moleculares, identificação de QTL para resistência a

MYMV, bem como o desenvolvimento de variedades resistentes a MYMV.

Khosla et al. (2021) examinaram populações F_2 de quatro cruzamentos, e as reações à doença do mosaico amarelo (DMJ) variaram de soja altamente resistente a altamente suscetível. Em SL 958 × AGS 456 (Cruzamento I), de trezentas e sessenta e cinco plantas F_2, setenta e cinco eram resistentes e duzentas e noventa eram susceptíveis à DMJ. No cruzamento SL 958 × IA 2067 (cruzamento II), foi registada a incidência da doença em 845 plantas F_2, das quais 175 eram resistentes e 65 suscetíveis. Das setecentas e sessenta plantas F_2 em SL 958 × Swarna Vasundhra (Cruzamento III), cento e sessenta e duas eram resistentes e quinhentas e noventa e oito eram susceptíveis, enquanto em SL 958 × JS 335 (Cruzamento IV), das trezentas e quatro plantas F_2, cinquenta e uma plantas mostraram uma reação resistente e duzentas e cinquenta e três plantas mostraram uma reação suscetível.

Singh et al. (2021) analisaram dez germoplasmas de feijão-mungo contra o vírus do mosaico amarelo do feijão-mungo (MYMV) e mostraram que, dos dez germoplasmas, SML-668, ML-613, ML-5, PS-16 e ML-818 eram moderadamente resistentes, enquanto PAU-911 e PDM-116 eram moderadamente susceptíveis e T-9, T-44 e K-851 eram susceptíveis ao MYMV.

Devi et al. (2022) avaliaram dezasseis genótipos de grama-preta [Vigna mungo (L.) Hepper] contra a doença do mosaico amarelo em condições de campo e identificaram nove genótipos como resistentes, um como moderadamente resistente, quatro genótipos como susceptíveis e dois como altamente susceptíveis, com base na escala MULLARP modificada (0-9). Nenhum dos genótipos era altamente resistente ou imune à doença do mosaico amarelo.

Korattukudy et al. (2022) analisaram cento e dois genótipos de grama preta relativamente à resistência ao vírus do mosaico amarelo (YMV) com base na pontuação da doença, os genótipos foram agrupados em dezoito grupos com base nos dados morfológicos e as análises multivariadas das pontuações dos marcadores de repetição da sequência simples dividiram o germoplasma em cinco grupos divergentes, nos quais os grupos II, III e V acomodaram sessenta e um genótipos e todos estes genótipos eram resistentes a moderadamente resistentes ao YMV.

2.2 IDENTIFICAÇÃO DO(S) MARCADOR(ES) RGA ASSOCIADO(S) AO GENE DE RESISTÊNCIA

Kanazin et al. (1996) relataram a conceção de iniciadores para sequências conservadas das regiões de codificação dos genes de resistência a doenças N (tabaco), RPS2 (Arabidopsis) e L6 (linho) para amplificar sequências relacionadas da soja [Glycine max (L.) Merr.] Foram detectadas nove classes de análogos de genes de resistência (RGAs) e o mapeamento genético dos membros dessas classes localizou-os em oito grupos de ligação diferentes. Vários loci RGA foram mapeados perto de genes de resistência conhecidos. Mago et al. (1999) conceberam primers degenerados baseados em NBS conservados de genes de resistência de Arabidopsis, linho e tabaco e utilizaram-nos em PCR para amplificar análogos de genes de resistência (RGA) de 500 pb de comprimento em arroz. Os fragmentos foram clonados e analisados com base na análise de Southern blot. Catorze clones, cada um representando uma das catorze categorias de RGAs, foram mapeados no mapa genético do arroz utilizando uma população de mapeamento Nipponbare (japonica) × 'Kasalath' (indica) constituída por cento e oitenta e duas linhas F_2. Dos catorze clones que representam cada classe, doze puderam ser mapeados em cinco cromossomas do arroz, com um agrupamento principal de oito RGAs no cromossoma onze.

Basak et al. (2004) desenvolveram um marcador ligado à resistência ao vírus do mosaico amarelo (YMV) que amplificou a 445 pb em todas as linhas tolerantes de feijão-mungo. Após a sequenciação, verificaram que tinha uma elevada homologia com o domínio NB-ARC e chamaram-lhe "VMYR1". Além disso, o VMYR1 foi clonado e sequenciado. Mais dois RGHs de linhas resistentes ao YMV foram seletivamente amplificados e clonados utilizando primers degenerados orientados para o gene R.

Martinez et al. (2004) utilizaram primers degenerados concebidos com base em regiões conservadas de domínios do sítio de ligação a nucleótidos (NBS) de genes de resistência de plantas previamente clonados para isolar análogos de genes de resistência (RGAs) de morangos selvagens e cultivados. Foram identificadas sete famílias distintas de RGAs do tipo NBS-LRR em duas espécies selvagens relacionadas, Fragaria vesca e F. chiloensis, e em seis cultivares diferentes de Fragaria × ananassa.

Ming et al. (2005) avaliaram vinte e uma variedades de arroz que foram testadas com base em RGA-PCR usando seis pares de primers RGA e avaliadas quanto à resistência à explosão foliar. A análise de agrupamentos mostrou que as variedades podiam ser classificadas em cinco grupos, quer no limiar de semelhança de 0,72 para os perfis RGA, quer no limiar de semelhança de 0,80 para a severidade do míldio foliar, sugerindo que a aplicação de três pares de iniciadores, nomeadamente RGA1 e RGA2, ambos concebidos a partir da região LRR do gene Xa21 do arroz, e RGA3, concebido a partir da região LRR do gene N do tabaco, contribuiu para uma melhor avaliação dos germoplasmas no que respeita às suas respostas resistentes ao míldio foliar do arroz.

Totad et al. (2005) referiram que os primers degenerados concebidos com base em genes de resistência conhecidos (genes R) e análogos de genes de resistência (RGA) foram utilizados em combinações para elucidar os RGA de Sorghum bicolor, 16 cultivar M 35-1, resultando em amplicons de 500-600 pb. A análise de restrição dos amplicons de PCR revelou que um grupo de fragmentos presentes numa única banda indicava a natureza heterogénea do amplicon. Estes fragmentos apresentaram uma semelhança significativa com sequências conhecidas do gene R. O método Neighbour-Joining (NJ) revelou dois grandes grupos de agrupamentos; o agrupamento I incluía apenas SRGAs e o agrupamento II incluía sequências conhecidas do gene R juntamente com três RGAs. Palomino et al. (2006) registaram cinco acessos de fava e dois de grão-de-bico, sessenta e nove clones sequenciados apresentaram homologia com os genes R. Além disso, os clones foram divididos em 10 classes de análogos de genes resistentes (RGAs), das quais as classes RGA 1, 6, 8 e 9
A classe 1 era composta exclusivamente por clones isolados de fava, enquanto as classes 2, 3, 4, 5 e 7 incluíam apenas clones de grão-de-bico. Verificaram que o RGA de dez, que apresenta uma homologia dentro da classe de 99%, era a única classe constituída por clones de fava e de grão-de-bico.

Wenkai et al. (2006) adoptaram três métodos para isolar todos os potenciais RGAs do genoma do milho, como o polimorfismo de comprimento de fragmento amplificado modificado (AFLP) e a amplificação rápida modificada de extremidades de cDNA (RACE), e a extração de dados. Foi obtido um total de vinte e três e doze RGAs a partir dos métodos AFLP e

RACE modificados, respetivamente, utilizando iniciadores degenerados. Por outro lado, cento e nove unigenes e setenta e sete singletons com elevada homologia com genes R conhecidos foram recuperados através da extração de dados. Além disso, os ESTs semelhantes a genes-R (ou RGAs) identificados a partir do método de extração de dados podiam abranger todos os RGAs derivados de RACE e quase metade dos RGAs derivados de AFLP. Pelo menos cento e oitenta e seis RGAs de cento e noventa e nove foram derivados de R-genes expressos putativos.

Basak et al. (2007) clonaram e sequenciaram o homólogo do gene R ligado à resistência ao vírus do mosaico amarelo (RGH) de Vigna mungo, linha VM-1, WBU 108 e Vigna radiata Pusa 9072, número de acesso GenBank AY297425, AY301991 e trIQ7XZT9, respetivamente. As análises filogenéticas indicaram que dois terços das sequências eram do tipo TIR-NBS, enquanto cerca de um terço representava a subfamília não-TIR. A presença simultânea dos domínios TIR e Não-TIR nas Fabaceae indicou uma evolução divergente e heterogeneidade no domínio NBS

Pal et al. (2007) trabalharam com o marcador VMYR1 (AY 297425) para rastrear o vírus do mosaico amarelo da Índia do feijão-mungo (MYMIV) e isolaram dois homólogos de genes resistentes (RGHs AY301990, AY301991) que tinham uma elevada homologia com um marcador. A investigação revelou que estes três factores de resistência tinham semelhanças com duzentos e vinte e uma sequências de genes R ou RGH comunicadas no domínio NB-ARC da família Fabaceae.

Azhar et al. (2011) conceberam vinte e quatro primers não degenerados com base em análogos de genes de resistência (RGAs) clonados de G. hirsutum para o rastreio de várias espécies de algodão com os genomas A e D. A maioria destes RGAs é conservada no genoma A (G. arboreum), o que sugere uma tendência para este genoma. Os RGAs amplificados de G. arboreum foram clonados e as suas sequências de nucleótidos e aminoácidos foram comparadas com sequências de RGA disponíveis em bases de dados públicas. A maioria dos RGAs identificados eram homólogos aos isolados de G. hirsutum e G. barbadense, mas a sua diversidade era maior do que o esperado, tanto a nível de nucleótidos como de aminoácidos. Estes RGAs fornecem ferramentas úteis para a identificação de genes de resistência de comprimento total a partir de cromossomas artificiais bacterianos e bibliotecas de cDNA.

Basak et al. (2011) relataram que a cultivar T9 tinha um defeito no domínio NB-ARC do gene putativo resistente à doença e, portanto, exibia suscetibilidade à doença, os domínios NBARC de todas as linhas tolerantes ao MYMIV tinham um motivo comum. Concluíram que o defeito se deveu à limitação na formação de transcritos para o gene R- na cultivar suscetível. Maiti et al. (2011) relataram marcadores moleculares ligados à resistência ao MYMIV para facilitar a genotipagem de germoplasmas de feijão-urd e feijão-mungo para a reação ao MYMIV. Os marcadores moleculares ligados à resistência foram desenvolvidos com sucesso a partir de motivos consensuais de outro gene de resistência (R) ou de sequências homólogas do gene R. Aplicando a genotipagem assistida por marcadores ligados, os obtentores de plantas podem efetuar genotipagens repetidas ao longo da estação de crescimento na ausência de qualquer incidência de doença. Foram identificados dois loci de marcadores de resistência a MYMIV, YR4 e CYR1, e destes dois CYR1 está completamente ligado a germoplasmas resistentes a MYMIV e co-segregando com progénies F_2 , F_3 resistentes a MYMIV de feijão-urd. Kalaria (2014) relatou a identificação de marcadores moleculares para a introgressão do vírus do mosaico amarelo do feijão-mungo (MYMV) resistente ao feijão-mungo (Vigna radiata L.). Das dezassete combinações de marcadores RGA, quatro marcadores amplificaram o ADN do resistente, quatro pares de marcadores RGA viz, par-1 (YMVRGA-1- F-CC & YMVRGA-1- R), par-2 (YMVRGA-1- F-CG & YMVRGA-2- R), par-3 (YMVRGA-1- F-TC & YMVRGA-1- R) e par- 4 (YMVRGA-1- F-TG & YMVRGA-7- R) mostraram a presença de bandas consistentes de tamanho ~450bp em todas as linhas resistentes, enquanto ausentes na suscetível GM4. Kumar et al. (2014) analisaram genótipos de soja [Glycine max (L.) Merr.] para a resistência à doença do vírus do mosaico amarelo (YMV) e a sua caraterização molecular utilizando marcadores RGA e SSRs, tendo os resultados revelado que o par de primers baseado no gene 'R' da soja ligado à variação do YMV em Vigna mungo não conseguiu diferenciar o genótipo de soja resistente e suscetível ao YMV. Wang et al. (2014) estudaram vinte e seis análogos de genes de resistência (RGAs) com alta homologia a genes R conhecidos ou RGAs obtidos por amplificação de PCR. Entretanto, duzentos e cinquenta e sete unigenes/ESTs semelhantes a genes R foram identificados utilizando o método de extração de dados. No total, cento e quinze dos cento e vinte e quatro pares de iniciadores específicos de RGA concebidos conseguem amplificar com êxito as bandas alvo. Para explorar a variabilidade genética do RGA, trinta e dois acessos de rabanete foram genotipados e duzentos e sessenta e nove loci RGA foram identificados com êxito. Verificou-se que quarenta e quatro iniciadores RGA apenas geraram bandas monomórficas e os restantes setenta e um iniciadores RGA geraram duzentas e vinte e cinco bandas polimórficas RGA entre os trinta e dois acessos de rabanete. Com base na análise de marcadores RGA, trinta e dois acessos de rabanete foram agrupados em quatro grupos principais com um índice de semelhança de 0,68, o que estava em grande conformidade com o índice de doença de uma avaliação do míldio.

Pareek et al. (2015) relataram cultivares resistentes de feijão-traça, os análogos de genes de resistência identificados mostram um enorme potencial. As proteínas que contêm o sítio de ligação de nucleótidos (NBS) e o domínio de repetição rico em leucina (LRR) são produzidas pela maioria dos genes de resistência de plantas conhecidos. Para encontrar análogos de genes de resistência no feijão-traça cv. FMM- 96, foram combinados três primers degenerados construídos com base em genes de resistência conhecidos (genes R). Com estes primers foram amplificados produtos com o tamanho esperado de 450-600 pb.

Kabi et al. (2017) estudaram a análise molecular de vinte e seis genótipos diferentes de grama verde para YMV, utilizando um marcador análogo ao gene resistente (RGA) denominado CYR1, que produziu amplicon a 90 pb em sete genótipos (OBGG- 2013-8, OBGG- 2013-21, OBGG-2013-16, OBGG-2013-11, OBGG-2013-20, OBGG- 2013-39 e OBGG-2013-12), o que permitiu concluir que estes sete genótipos possuem um gene de resistência ao vírus do mosaico amarelo e que este marcador é eficaz e ubíquo para a genotipagem da reação ao YMV. OBGG 2013-20 foi uma linha resistente ao YMV e de elevado rendimento que pode ser utilizada como dador do YMV ou pode ser libertada como variedade. A OBGG 2013-34 tem um potencial de rendimento 23,88% superior ao do melhor controlo, mas é moderadamente suscetível à DMJ e, por isso, precisa de ser melhorada através da hibridação com variedades adequadas resistentes ao VVM.

Kabi et al. (2018) fizeram um rastreio com a técnica baseada em PCR, empregando pares de primers para validar a eficiência e a fiabilidade dos loci de marcadores identificados (CYR1 e YMV1). Tanto o marcador CYR1 como o YMV1 mostraram um polimorfismo consistente em relação à reação à doença em sete genótipos resistentes. O CYR1 produziu um tamanho de alelo de aproximadamente 90 pb. No caso do YMV1, foram observadas duas bandas em quatro genótipos (OBGG-2013-11, OBGG-2013-16, OBGG-2013-20, OBGG-2013-21) em 200 pb e 90 pb, ao passo que nos três genótipos restantes (OBGG-2013-8, OBGG-2013-12 e OBGG-2013-39) foi observada apenas uma banda em 90 pb. que concluiu que sete genótipos (OBGG-2013-8, OBGG-2013-12, OBGG-2013-11, OBGG-2013-16, OBGG-2013-20, OBGG-2013-21 e OBGG-2013-39) possuem o gene de resistência ao vírus do mosaico amarelo e que ambos os marcadores são eficientes e ubíquos para a genotipagem da reação ao YMV. Patel et al. (2018) validação de marcadores de ADN ligados à resistência ao MYMV em feijão-mungo (Vigna radiata (L). R. Wilczek). Dos 124 primers estudados, incluindo os primers RAPD, SSR, SCAR e RGA, apenas um par de primers RGA 1F-CG/RGA 1R amplificou uma única banda de 445 pb no genótipo Meha (progenitor resistente) e no bulk resistente ao MYMV, que estava ausente no GM-4 (progenitor suscetível) e no bulk suscetível ao MYMV. O mesmo amplicon foi detectado em amostras individuais de F_5 RILs que constituem o grupo resistente ao MYMV, indicando que este RGA estava ligado à resistência ao MYMV.

CAPÍTULO 3

MATERIAIS E MÉTODOS

A investigação sobre "Rastreio de marcador(es) análogo(s) de genes de resistência no feijão-da-índia [Lablab purpureus (L.) Sweet] contra a doença do mosaico amarelo" foi realizada no Departamento de Biologia Molecular Vegetal e Biotecnologia, ASPEE College of Horticulture and Forestry, Navsari Agricultural University, Navsari durante 2021-22. A experiência de campo foi realizada na College Farm, N. M. College of Agriculture, Navsari Agricultural University, Navsari, durante o Rabi 2021-22. Os pormenores relativos aos materiais experimentais utilizados e aos métodos adoptados durante o presente inquérito são descritos nas rubricas correspondentes.

3.1 RASTREIO NO TERRENO DE GENÓTIPOS DE FEIJÃO INDIANO CONTRA A DOENÇA DO MOSAICO AMARELO

3.1.1 Localização e condições climáticas

O presente experimento foi realizado na Fazenda da Faculdade, N. M. College of Agriculture, Navsari Agricultural University, Navsari durante Rabi, 2021-22. A fazenda está localizada em 20 ° 55'50.1 "N e 72 ° 53'28.8" E com uma altitude de 11.89 m acima do nível médio do mar. O solo era preto com um pH de 7,3 a 7,5. O feijão indiano requer um clima fresco a moderadamente quente para um bom crescimento. O clima da estação de crescimento foi favorável ao crescimento e desenvolvimento da cultura. As informações meteorológicas relativas à época de cultivo constam do Apêndice I.

3.1.2 Material experimental

O estudo foi realizado para selecionar linhas avançadas de melhoramento do feijão indiano contra a doença do mosaico amarelo. Foi seguido o pacote de práticas recomendado para todas as linhas avançadas.
Estes 100 genótipos foram cultivados juntamente com 4 controlos (controlo de resistência GNIB-21, GNIB-22 e controlo de suscetibilidade V-19-154, W-19-58), em que W-19-58 era uma linha de espalhamento em blocos aumentados com 60 cm e 20 cm de espaçamento inter e intra-linha, respetivamente. Para além disso, as sementes foram obtidas no Departamento de Genética e Melhoramento de Plantas, N. M. College of Agriculture, NAU, Navsari.

3.1.3 Rastreio no terreno

O material experimental foi testado quanto à sua reação à doença do mosaico amarelo em condições naturais de campo durante a estação Rabi 2021-22. As moscas brancas são a fonte do vírus no campo, pelo que não foi pulverizado qualquer pesticida para manter a população natural de moscas brancas no campo experimental. A cultura foi monitorizada regularmente para detetar a presença de mosca branca e o desenvolvimento de sintomas de doença. Os materiais de teste foram pontuados depois de 80% das plantas em linhas de espalhamento terem mostrado incidência de YMV. O rastreio de genótipos de feijão indiano contra a doença do mosaico amarelo (DMJ) foi efectuado utilizando uma escala de classificação de 1-9 pontos, como indicado no quadro 3.1, de acordo com Singh et al., 1988.

Quadro 3.1: Escala de classificação da doença do mosaico amarelo

N.º Sr.	Classificação escala	Percentagem de plantas com a folhagem afetada	Reação
1	1	Sem sintomas visíveis (ou) manchas amarelas minúsculas cobrindo 0,1-5,0% da área foliar	Resistente (R)
2	3	Manchas nas folhas que cobrem 5,1-10,0% da área foliar	Moderadamente resistente (MR)
3	5	Manchas e descoloração amarela de 10,1-25,0% da área foliar	Moderadamente suscetível (EM)
4	7	Manchas e descoloração amarela de folhas em 25,1-50% da área foliar	Suscetível (S)
5	9	Manchas amarelas em mais de 50% e até 100% da superfície foliar	Altamente suscetível(HS)

3.1.4 Artigos de vidro e produtos químicos

Os objectos de vidro e os materiais politécnicos utilizados eram de marcas padrão, tais como Corning, Borosil e Schott Duran. Todos os objectos de vidro foram esfregados e lavados cuidadosamente com detergente e depois enxaguados com água da torneira seguida de água destilada. Por fim, foram secos numa estufa antes de serem utilizados. Todos os utensílios de polietileno foram cuidadosamente limpos como indicado acima e secos ao ar numa estufa de ar quente a 180°C durante 60 minutos antes de serem utilizados. Todos os produtos químicos e bioquímicos finos utilizados na experiência eram de grau analítico ou de grau molecular de fabricantes padrão como JenaBios cience; Fermentas; Banglore Genei; Serva; Sisco; e Hi-media laboratories, etc. A lista dos produtos químicos utilizados no presente estudo é apresentada no quadro 3.2.

Quadro 3.2: Lista de produtos químicos utilizados no presente estudo molecular

Sr. Não.	Nome do reagente	Fórmula química	Peso molecular
1	Agarose	C24H38O19	306.26
2	Ácido bórico	H3BO3	61.83
3	Cetil trimetil amónio brometo	C19H42NBr	364.45
4	Clorofórmio	CHCl3	119.38
5	Etanol	C2H5OH	46.07
6	Brometo de etídio	C21H20BrN3	394.20
7	Ácido clorídrico	HCl	36.46
8	Álcool isoamílico	C5H12O	88.15
9	Mercaptoetanol	C2H6O5	78.13

10	Polipinilpirrolidona	(C9H9NO)n	40000
11	Cloreto de sódio	NaCl	58.44
12	Hidróxido de sódio	NaOH	40.0
13	Tampão Tris	C4H11NO3	121.14

3.1.5 Equipamentos e instrumentos

O equipamento e os instrumentos utilizados para o estudo molecular são enumerados no quadro 3.3.

Quadro 3.3: Lista de equipamentos e instrumentos utilizados no presente estudo

N.º Sr.	Instrumento	Nome da empresa
1	Congelador profundo (-20°C)	Voltas, Mumbai
2	Unidade de eletroforese em gel	Wealtec Corp.
3	Sistema Gel-Doc	Bio-Rad, Califórnia
4	Forno de ar quente	NOVA Instruments Pvt. Ltd.
5	Autoclave	Medica instrument Mfg Co.
6	Micropipetas	Eppendorf corporate, Alemanha
7	Forno micro-ondas	Samsung India Ltd., Índia
N.º Sr.	Instrumento	Nome da empresa
8	Nano Gota	Thermo scientific, EUA
9	Termociclador	Thermo scientific, EUA
10	Medidor de pH	Thermo scientific, EUA
11	Centrífuga	Remi elektrotechnik Ltd., Índia
12	Balança de pesagem	Metteler Toledo, EUA
13	Banho-maria digital Cintex	Cintex IND. Corporation, Mumbai

3.1.6 Amplificação e sequenciação do componente parcial de ADN-A do vírus

3.1.6.1 Extração de ADN genómico

O ADN genómico total foi isolado a partir de folhas tenras de amostras selecionadas de genótipos de feijão indiano altamente susceptíveis infectados com a DMJ (P-19-169, V-19-15, V-19-35, GNIB-22, W-19-05, V-19-24, P-19-176, W-19-60, P-19-127, V-19-11, W-19-58, V-19-106) pelo método CTAB modificado (Doyle e Doyle, 1987).

Preparação de soluções de reserva para extração de ADN

(1) Tris HCl 1M (pH 8,0): 100 ml

12,11 g de base Tris foram dissolvidos em 80 ml de água destilada e o pH 8,0 foi ajustado pela adição de HCl concentrado. O volume final foi ajustado para 100 ml por adição de água destilada. Preparou-se um litro de Tris HCl 1M, que foi introduzido num frasco de reagente e esterilizado em autoclave.

(2) EDTA 0,5 M (pH 8,0): 100 ml

Dissolveram-se 7,30 g de sal di-sódico de EDTA em 80 ml de água destilada. O pH de 8,0 foi ajustado pela adição de pastilhas de NaOH. O volume final foi ajustado para 100 ml por adição de água destilada. A solução preparada foi colocada num frasco de reagente e esterilizada em autoclave.

(3) NaCl 5 M: 100 ml

29,92 g de NaCl foram adicionados a 50 ml de água destilada e bem misturados. Quando os sais se dissolveram completamente, o volume final da solução de NaCl foi ajustado para 100 ml, adicionando água destilada. A solução preparada foi introduzida num frasco de reagente e autoclavada.

(4) Etanol a 70 %: 100 ml

Tomou-se 70 ml de etanol e misturou-se com 30 ml de água destilada para perfazer 100 ml e armazenou-se a 4°C.

(5) Clorofórmio: Álcool isoamílico (24:1): 100 ml

Mediram-se 96 ml de clorofórmio e misturaram-se com 4 ml de álcool isoamílico para perfazer o volume total de 100 ml.

Produtos químicos utilizados para a extração de ADN

(A) Composição de 4%

Tampão de extração CTAB formulação de 10 ml 4% CTAB (W/V) 0,4 g
Tris HCl (1 M; pH 8,0) 1,0 ml

EDTA (0,5 M; pH 8,0) 1,0 ml

Nacl (5 M) 2,8 ml

β-Mercaptoetanol (1%) 100 µl

PVP (1%) 1,0 g

Água sem nuclease, volume final de 10 ml

(B) Clorofórmio: Álcool isoamílico (24:1)

(C) Etanol (100% e 70%)

(D) Azoto líquido

(E) Tampão Tris EDTA (TE)

Tris HCl (pH 8,0) 10 mM

EDTA 0,5 M

Procedimento de extração do ADN genómico

1) As folhas dos genótipos de feijão indiano (300 mg) de cada indivíduo foram pulverizadas em azoto líquido com um pilão e um almofariz.
2) As folhas foram trituradas com 1 ml de tampão CTAB, transferidas para um tubo eppendorf e incubadas durante 60 minutos a 65°C. Os tubos foram retirados do banho-maria e deixados arrefecer à temperatura ambiente.
3) Foi adicionado um volume igual de clorofórmio: mistura de álcool isoamílico (24: 1) e misturado cuidadosamente por inversão suave e centrifugado durante 15 minutos, mantendo-o num rotador a 10000 rpm (centrífuga eppendorf) até se obter uma separação clara das três camadas.
4) A fase aquosa límpida (sobrenadante) foi cuidadosamente pipetada para novos tubos. O passo clorofórmio: álcool isoamílico (24:1 v/v) foi repetido duas vezes para remover os contaminantes orgânicos no sobrenadante.
5) Ao sobrenadante, foi adicionado etanol absoluto de cerca de 0,5 a 0,6 volumes ($2/3^{rd}$ do volume pipetado). Os conteúdos foram misturados suavemente por inversão e mantidos sem perturbação durante 30 minutos a -20°C durante uma noite.
6) Subsequentemente, os tubos foram centrifugados a 12000 rpm durante 10 min a uma temperatura de 27°C para sedimentar o ADN.
7) O sobrenadante foi cuidadosamente eliminado e o sedimento de ADN foi lavado com etanol a 70% e centrifugado a 10 000 rpm durante 10 minutos, tendo este passo sido repetido duas vezes.
8) O sobrenadante foi removido e os tubos foram deixados a secar completamente ao ar. Em seguida, o sedimento foi dissolvido em 100 µl de tampão TE. As amostras foram armazenadas a -20°C em congelação profunda.

3.1.6.2 Separação do ADN por eletroforese em gel de agarose (estimativa qualitativa)

O ADN genómico isolado de várias amostras foi verificado quanto à sua integridade. O ADN genómico bruto foi resolvido por eletroforese em gel de agarose (gel de agarose a 0,8%) e corado com brometo de etídio segundo um método normalizado (Sambrook e Maniatis, 1989).

(A) Materiais/equipamentos utilizados

- ▶ Aparelhos de eletroforese, eléctrodos e fontes de alimentação.

- ▶ Micropipeta.
- ▶ Pontas de micropipetas.
- ▶ Carregamento de corante.
- ▶ Brometo de etídio (1 mg/ml)

(B) Tampão TBE (1 litro de solução-mãe 5x)

- ▶ Base Tris: 53.0 g
- ▶ Ácido bórico: 27,5 g
- ▶ EDTA: 20 ml

(C) Processo de eletroforese em gel

1) Colocar o pente no elétrodo negativo.

2) Tomar 8 g de agarose e adicionar a 100 ml de água Millipore esterilizada para fazer 0,8 gel.

3) A mistura de agarose acima referida foi derretida num forno de micro-ondas. Adicionou-se brometo de etídio ao gel de agarose morno e verteu-se para o tabuleiro de moldagem do gel de modo a obter um gel com cerca de 5 mm de espessura.
4) O tabuleiro de gel foi mantido sem perturbações para obter uma solidificação uniforme do gel. O tabuleiro foi mantido na cuba de eletroforese cheia com tampão de corrida TBE.

(D) Carregamento das amostras de ADN

1) A amostra é bem misturada com o corante de carga 6X, pipetando várias vezes para cima e para baixo.
2) Retirar cuidadosamente o pente e encher os poços com o Ladder (100bp) previamente corado e o produto de ADN misturado com o corante de carga no respetivo poço.
3) Ligar a unidade de eletroforese à fonte de alimentação e fazer funcionar a unidade a 60 V (5 V/cm) durante 35-40 minutos ou até que o corante de rastreio chegue ao fim.
4) Após a corrida electroforética, o gel é visualizado num sistema de documentação de gel (BIO-RAD).

3.1.6.3 Estimativa da pureza e da quantificação do ADN

Para estimar a pureza e a quantificação do rácio OD 260/OD280 foi utilizado para avaliar a pureza do ADN. Um rácio inferior a 1,8 indica que pode haver proteínas na amostra, enquanto um rácio superior a 1,8 indica que a amostra pode estar contaminada com ARN. O ADN foi quantificado através da leitura da absorvância a 260nm e 280nm por Nano-drop.

3.1.6.4 Diluição do ADN

A amostra de 10 µl de ADN é retirada da solução de reserva e adicionada a 90µl de água livre de nucléolo, tendo sido preparadas amostras de 50 ng/µl de solução de ADN genómico de trabalho a partir da quantidade de solução de ADN de reserva, utilizando a fórmula N1 V1 = N2 V2. Em que N1 é a concentração da solução-mãe de ADN, V1 é o volume da solução-mãe a tomar para diluição, N2 é a concentração da solução de ADN de trabalho (50 ng) e V2 é o volume da solução de ADN de trabalho.

3.1.7 Amplificação por PCR do componente parcial de ADN -A

3.1.7.1 Primários

Os iniciadores específicos da proteína da capa (CP) do YMV (quadro 3.4), concebidos com diferentes sequências da proteína da capa [GQ387509.1, DQ389148.1 (MYMIV), DQ389146.1 (MYMV), GU591170.1, KT282129.1 (DYMV)] e a ferramenta Primer3 (https://bioinfo.ut.ee/primer3-0.4.0/) foram utilizados para a amplificação do gene da proteína da capa do YMV, como se segue.

Tabela 3.4: Lista dos iniciadores da proteína da pelagem utilizados no presente estudo

N.º Sr.	Cartilha	Cartilha direção	Sequências 5'-3'
1	MYMIVF1	Avançar	CCAAAGCGGACCTTCGATA
2	MYMIVR2	Inverter	AACGATTCACCATGGCTTGT
3	MYMIVF3	Avançar	GACCTTCCCGAATCACTGC
4	MYMIVR4	Inverter	AACGATTCACCATGGCTTGT
5	MYMVF5	Avançar	GTGGACACTCTGAACCCAGTA
6	MYMVR6	Inverter	AACGATTCACCATGGCTTGT
7	DYMV1	Avançar	GTAGAGCATGGACCAATCGT
8	DYMV2	Inverter	ACGCATATTGACCTCCGGT
9	DYMV3	Avançar	GCTCATCGTGTTGGTAAACGAT T
10	DYMV4	Inverter	GGAGTGGGCTTACAAGAATGC

3.1.7.2 Preparação da mistura de reação PCR

Foi utilizada a seguinte mistura de reação de PCR com um volume total de 20 µl por reação (Tabela 3.5).

Quadro 3.5: Mistura de reação PCR para amplificação do iniciador da proteína da pelagem

Componentes	Volume (µl)
Master mix (2x) (Takara Bio)	10.0
Primário direto (10 pmol)	2.0
Primer inverso (10 pmol)	2.0
Modelo de ADN (50ng)	2.0
Água sem nuclease	4.0
Total	20.0

Em primeiro lugar, foi adicionada água sem nuclease ao tubo, seguida de um master mix 2x (Takara bio) e de primers para fazer o cocktail. O ADN modelo foi adicionado a este cocktail.

Os reagentes foram misturados cuidadosamente por agitação em vórtice seguida de uma breve centrifugação. Todas as reacções de PCR foram realizadas em tubos de PCR de parede fina de 200 µl.

3.1.7.3 Perfil de PCR utilizado para a amplificação do gene da proteína da pelagem com iniciadores específicos da espécie

A amplificação foi efectuada durante 30 ciclos num termociclador Bio-Rad, tendo sido utilizado um gradiente de temperatura da ordem dos 50-60°C para o iniciador do gene da proteína do revestimento. submetido ao seguinte protocolo no quadro 3.6.

Quadro 3.6: Programa do termociclador para a amplificação do iniciador do gene da proteína da pelagem

N.º Sr.	Etapa	Temperatura	Tempo	Ciclo
1	Desnaturação inicial	95 °C	7 min	1
2	Desnaturação	95 °C	30 segundos	30
3	Recozimento	53.5 °C	45 segundos	
4	Extensão	72 °C	30 segundos	
5	Extensão final	72 °C	10 min	1
6	Manter	4 °C	∞	-

Após a conclusão da PCR, os produtos foram armazenados a -20 °C até à realização da eletroforese em gel.

3.1.7.4 Eletroforese em gel de agarose

Separação dos produtos amplificados pela PCR por eletroforese em gel de agarose.

Requisitos

a) Agarose (tipo baixo EEO)

b) 10 x tampão Tris Borato EDTA (TBE) pH 8,0

c) 10 mM Tris - HCl; pH 8,0

d) 1 mM EDTA; pH 8,0

e) 55 g Ácido bórico

f) 6x Corante de carga para gel (Thermo fisher scientific)

g) Brometo de etídio (1 mg/ml)

h) Escada de ADN de 100 pb (Thermo fisher scientific)

Todos os produtos da PCR foram colocados num gel de agarose a 1,8 % com 2 µl de brometo de etídio (1 mg/ml). 10 µl de produto de PCR foram misturados com 2 µl de corante de carregamento de gel 6x e carregados no poço. O gel foi corrido a uma corrente de 80 V (constante) para separar as bandas amplificadas. O marcador de ADN padrão de 50 pb foi também utilizado juntamente com as amostras. Cada iniciador foi repetido duas vezes para confirmar os resultados. As bandas separadas foram documentadas sob um transiluminador UV e, em seguida, foram tiradas fotografias utilizando um sistema de documentação del (Bio-rad) e analisadas.

3.1.7.5 Purificação e sequenciação dos produtos amplificados

1. Preparar a mistura de reação adicionando 3,0 µl de acetato de sódio 3 M, pH 4,6, a

62,5 µl de etanol a 95% não desnaturado e 14,5 µl de água desionizada adicionados para perfazer um volume final de 80 µl para cada amostra.
2. Foram adicionados 80 µl desta solução de etanol/acetato de sódio a 20 µl da mistura de reação de PCR do termociclador.
3. Selar os tubos com tampas de fita.
4. Inverter os tubos algumas vezes para misturar bem.
5. Incubar os tubos à temperatura ambiente durante 15 minutos para precipitar os produtos de extensão.
6. Centrifugar o conteúdo a 12000 g durante 20 minutos à temperatura ambiente
7. Eliminar o sobrenadante invertendo o tubo para uma toalha de papel.
8. Adicionar 150 µl de etanol a 70% a cada sedimento.
9. Tapar e inverter os tubos algumas vezes para misturar bem.
10. Tubos centrifugados durante 10 minutos a 12000g.
11. Secar a palete e adicionar 15 µl de formamida Hi-Di para desnaturação do ADN.
12. As amostras foram arrefecidas por pressão e, em seguida, transferidas 10 µl de amostra para uma placa de sequenciação de 96 poços.

Sequenciação do produto amplificado

1. Preparou a mistura de reação adicionando a mistura de reação pronta para o terminador (kit de sequenciação Big Dye 3.lv fornecido pela Applied Bio systems) 4,0 µl Primer 3,2 pmol, 20 ng de produto PCR e água desionizada para perfazer um volume total de 20µl.
2. Misturar bem a mistura de reação e agitar brevemente.
3. Colocar os tubos num termociclador, ajustar o volume para 20 µl e efetuar a sequenciação com o seguinte programa da Tabela 3.7.
4. Os dados foram obtidos a partir da sequenciação sanger e posteriormente analisados.

Tabela 3.7: Programa do termociclador para a PCR de sequenciação

N.º Sr.	Etapa	Temperatura	Tempo	Ciclo
1	Desnaturação inicial	94 °C	5 min	1
2	Desnaturação	94 °C	30 segundos	25
3	Recozimento	53.5 °C	10 segundos	
4	Extensão	72 °C	4 min	

A sequenciação do presente estudo foi subcontratada à SLS Research Private Limited, em Surat. A sequência obtida foi recolhida e utilizada para processamento e análise.

3.1.8 Análise filogenética da sequência e comparação com outros begomovírus

3.1.8.1 Alinhamento múltiplo e índice de similaridade

As pesquisas de sequências de begomovírus na base de dados, os alinhamentos locais básicos e a análise do índice de semelhança foram efectuados utilizando o programa NCBI-BLSTN (http://blast.ncbi.nlm.nih.gov). Foram efectuados alinhamentos de sequências de nucleótidos múltiplos (nt) para parte do ADN-A do isolado do vírus com outros begomovírus registados na Índia e em todo o mundo, utilizando o programa CLUSTALW(2) (https://www.ebi.ac.uk/Tools/msa/clustalw2/) (Kalaria et al., 2013).

3.1.8.2 Localização do quadro de leitura aberto (ORF)

As ORFs da sequência obtida foram determinadas utilizando um localizador de quadros de leitura aberta do software NCBI (https://www.ncbi. nlm.nih.gov/orffinder/) e foram posteriormente verificadas no NCBI-BLASTP para identidades da sequência da proteína do revestimento. A sequência foi também verificada quanto à presença de domínios conservados utilizando a ferramenta NCBI-CDD (https://www.ncbi.nlm.nih.gov/Structure/cdd/ cdd.shtml) (Kalaria et al., 2013, Kumar et al., 2012).

3.1.8.3 Construção da árvore filogenética

Para a análise filogenética, foram selecionadas espécies, estirpes e variantes representativas de diferentes espécies de Begomovirus das diferentes culturas. As sequências de comprimento total destes vírus foram descarregadas do sítio Web do NCBI. As sequências descarregadas foram cortadas de forma a corresponderem à sequência do nosso gene amplificado. A árvore filogenética foi construída com recurso a um software em linha (MEGA versão 7) (https://www.megasoftware.net/) (Tamura et al., 2007) utilizando o método Neighbor-joining com 1000 replicações bootstrap.

3.2. IDENTIFICAÇÃO DO(S) MARCADOR(ES) RGA ASSOCIADO(S) AO GENE DE RESISTÊNCIA

3.2.1 Extração de ADN genómico

O ADN genómico total foi isolado a partir de folhas tenras de doze genótipos de feijão indiano selecionados, incluindo o controlo, pelo método modificado do brometo de cetil trimetil amónio (CTAB) (Doyle e Doyle, 1987), segundo o mesmo procedimento de extração do ADN genómico descrito anteriormente na secção 3.1.6.1.

3.2.2 Estimativa qualitativa e quantitativa do ADN

O ADN genómico isolado de várias amostras foi verificado quanto à sua integridade. O ADN genómico bruto foi resolvido por eletroforese em gel de agarose, de acordo com o procedimento descrito na secção 3.1.6.2, e a razão OD 260/OD280 foi utilizada para avaliar a pureza do ADN, de acordo com o procedimento descrito na secção 3.1.6.3.

3.2.3 Diluição do ADN

Procedimento idêntico ao descrito na secção 3.1.6.4

3.2.4 Rastreio de marcadores RGA associados a genes de resistência

3.2.4.1 Primers de análogos de genes resistentes (RGAs)

No presente estudo, foram utilizados nove pares de dezoito primers RGA (quadro 3.8) da região conservada de diferentes classes do gene "R" da soja. Seis pares de primers RGA foram retirados da literatura previamente relatada, enquanto três pares de primers RGA foram recentemente concebidos utilizando as sequências de proteínas resistentes ao YMV relatadas (NM00137183.9 e EF091690.1) utilizando a ferramenta primer3 (https://bioinfo.ut.ee/primer3-0.4.0/) para amplificar sequências semelhantes a genes resistentes a partir do ADN genómico por PCR.

Tabela 3.8: Lista de primers RGA utilizados no presente estudo

Sr. Não.	Pares	Cartilha	Sequências 5'-3'	Referência
1	1	RGA1FCG	AGTTTATAATTCGATTGCT	Kanazin, et al.1996
2		RGA1R	ACTACGATTCAAGACGTCCT	Kanazin, et al.1996
3	2	RGA8F	AGCGAGAGTTGTATTTAAG	Kanazin, et al.1996
4		RGA8R	AGCCACTTTTGACAACTGC	Kanazin, et al.1996
5	3	RGA22F2	GGGTGGTTTGGGTAAGACCAC	Maiti et al. 2011
6		RGA24R2	TTCGCGGTGTGTGAAAAGTCT	Maiti et al. 2011
7	4	VMYR1F	AGTTTATAATTTGATTGCT	Basak et al. 2004
8		VMYR1R	ACTACGATTCAAGACGTCCT	Basak et al. 2004
9	5	YR4F	GGNAAGACGACACTCGCNTTA	Maiti et al. 2011
10		YR4R	GACGTCCTNGTAACNTTGATCA	Maiti et al. 2011
11	6	CYR1F	GGGTGGNTTGGGTAAGACCAC	Maiti et al. 2011
12		CYR1R	NTCGCGGTGNGTGAAAAGNCT	Maiti et al. 2011
13	7	RGAIB1	AGTATATAATTCAGTTGCTA	Novo design
14		RGAIB2	ACGATTCCTGACTAGACTCA	Novo design
15		RGAIB3	ATAGATTGCATTACTAG	Novo design

16	8	RGAIB4	AGTGGTACGGTATTAGA	Novo design
17	9	RGAIB5	TTATAAATCGAGTTGCTA	Novo design
18		RGAIB6	CTACGATTCATGACTCATA	Novo design

3.2.4.2 Preparação da mistura de reação PCR

Foi utilizada a seguinte mistura de reação de RGA-PCR com um volume total de 20µl por reação. O mesmo procedimento descrito anteriormente na secção 3.1.7.2.

3.2.4.3 Perfil de PCR utilizado para a amplificação de ADN com iniciadores RGA

A amplificação foi efectuada durante 35 ciclos num termociclador Bio-Rad, tendo sido utilizado um gradiente de temperatura entre 45 e 60 °C para o iniciador da proteína do revestimento, de acordo com o protocolo apresentado no quadro 3.9.

Quadro 3.9: Programa do termociclador para a amplificação dos marcadores RGA

N.º Sr.	Etapa	Temperatura	Tempo	Ciclo
1	Desnaturação inicial	95 °C	7 min	1
2	Desnaturação	95 °C	30 segundos	30-35
3	Recozimento	45-60°C	45 segundos	
4	Extensão	72 °C	30 segundos	
5	Extensão final	72 °C	10 min	1
6	Manter	4 °C	∞	-

Após a conclusão da PCR, os produtos foram armazenados a -20 °C até à realização da eletroforese em gel.

3.2.4.4 Eletroforese em gel de agarose

Separação dos produtos amplificados pela PCR por eletroforese em gel de agarose.

Requisitos

a) Agarose (tipo baixo EEO)

b) 10 x tampão Tris Borato EDTA (TBE) pH 8,0

c) 10 mM Tris - HCl; pH 8,0

d) 1 mM EDTA; pH 8,0

e) 55 g Ácido bórico

f) 6x Corante de carga para gel (Thermo fisher scientific)

g) Brometo de etídio (1 mg/ml)

h) Escada de ADN de 100 pb (Thermo fisher scientific)

Todos os produtos da PCR foram colocados num gel de agarose a 1,8 % contendo 2 μl de brometo de etídio (1 mg/ml). 10 μl de produto de PCR foram misturados com 2 μl de corante de carregamento de gel 6x e carregados no poço. O gel foi corrido a uma corrente de 80 V (constante) para separar as bandas amplificadas. O marcador de ADN padrão de 100 pb e 50 pb (Thermo fisher scientific) também foi utilizado juntamente com as amostras. Cada primer foi repetido duas vezes para confirmar os resultados. As bandas separadas foram documentadas sob um transiluminador UV e, em seguida, foram tiradas fotografias utilizando um sistema de documentação em gel (Bio- rad) e analisadas.

3.3 IDENTIFICAÇÃO DE MARCADORES RGA POLIMÓRFICOS EM GENÓTIPOS DE FEIJÃO INDIANO

No presente estudo, foram selecionados nove pares de marcadores RGA polimórficos entre seis genótipos de feijão indiano resistentes e seis altamente susceptíveis. Destes, seis pares de primers RGA1FCG & RGA1R, VMYR1F & VMYR1R, YR4F & YR4R, CYR1F & CYR1R, RGA8F & RGA8R, RGA22F2 & RGA24R2 foram obtidos a partir de literatura previamente publicada e três pares de primers RGAIB1 & RGAIB2, RGAIB3 & RGAIB4, RGAIB5 & RGAIB6 foram concebidos recentemente.

CAPÍTULO 4

RESULTADOS E DISCUSSÃO

Este capítulo incorpora os resultados da investigação intitulada "Triagem de marcadores análogos de genes de resistência em feijão indiano [Lablab purpureus (L.) Sweet] contra a doença do mosaico amarelo" foi realizada no Departamento de Biologia Molecular Vegetal e Biotecnologia, ASPEE College of Horticulture and Forestry, Navsari Agricultural University, Navsari durante 2021-22. A experiência de campo foi realizada na College Farm, N. M. College of Agriculture, Navsari Agricultural University, Navsari, durante o Rabi 2021-22. Os resultados da investigação relativos a cada aspeto foram apresentados e discutidos nos seguintes títulos e subtítulos.

4.1 RASTREIO NO TERRENO DE GENÓTIPOS DE FEIJÃO INDIANO CONTRA A DOENÇA DO MOSAICO AMARELO

4.1.1 Rastreio no terreno

Um total de 104 genótipos de feijão indiano, incluindo variedades de controlo, foram testados contra doenças do mosaico amarelo em condições de campo durante Rabi 2021 na College Farm, N. M. College of Agriculture, Navsari Agricultural University, Navsari. A cultura foi monitorizada regularmente para detetar a presença de mosca branca e o desenvolvimento de sintomas de doença. Os sintomas da doença foram observados aos 30 DAS. Os resultados de 104 genótipos de feijão indiano analisados em condições de campo contra o mosaico amarelo são apresentados no quadro 4.1. Dos 104 genótipos de feijão indiano, 33 genótipos revelaram-se resistentes, 14 genótipos moderadamente resistentes, 17 genótipos moderadamente susceptíveis, 29 genótipos susceptíveis e 11 genótipos altamente susceptíveis à DMJ (Foto 4.1, Fig. 4.1).

Genótipos de feijão indiano com sintomas típicos de DMJ

Genótipos de feijão indiano com reação resistente à DMJ

Foto 4.1: Reação de genótipos de feijão indiano contra a DMJ em condições de campo

Quadro 4.1: Rastreio de genótipos de feijão indiano com base na sua reação à doença do mosaico amarelo em condições de campo

Escala	Descrição	Reação	Genótipos
	Não visível		GNIB-22, P-19-193, W-19-63, W-
	sintomas(ou)		19-65, V-19-185, V-19-03, P-19-
	amarelo-minuto		261, P-19-66, P-19-192, P-19-50, P-
	Cobertura de manchas		19-193, P-19-94, W-19-132, V-19-
1	0,1-5,0% do área foliar	Resistente (R)	35, V-19-131, W-19-05, P-19-98, P-19-07, V-19-17, V-19-111, W-19-63,
			W-19-90, V-19-162, V-19-24, V-19-
			171, V-19-15, V-19-140, W-19-30,
			P-19-25, P-19-169, , V-19-211, V-
			19-63, GNBI-21
	Manchas nas folhas		V-19-143, P-19-123, P-19-202, P-
3	cobertura5.1-10,0% da área foliar	Moderadamente resistente (MR)	19-11, W-19-100, W-19-123, P-19-35, V-19-158, P-19-162, P-19-267,W-19-89, V-19-157, P-19-188,V-
			19-134
	Manchas e		W-19-27, W-19-34, V-19-22, V-19-
	amarelo	Moderadamente	28,P-19-171, W-19-161, P-19-207,
5	descoloração de	suscetível	P-19-150, P-19-164, W-19-11, P-19-
	10,1-25,0% do	(MS)	104, V-19-154, P-19-123, , V-19-61,
	área foliar		W-19-67, P-19-86, V-19-183
	Manchas e		V-19-73, W-19-59, V-19-92, V-19-
	amarelo		07, P-19-230, W-19-55, V-19-14, V-
	Descoloração de		19-129, W-19-109, W-19-111, V-19-
	Folhas em 25.1-		43, P-19-87, W-19-96, P-19-180, V-
7	50% da folha	Suscetível	19-41, V-19-36, V-19-68, P-19-77,
	área	(S)	W-19-56, W-19-57, W-19-20, W-19-
			122, V-19-62, P-19-147, W-19-130,

			P-19-254, W-19-39, P-19-95, W-19-
			58
Escala	Descrição	Reação	Genótipos
	Engarrafamento amarelo	Altamente	V-19-135, V-19-11, V-19-09, P-19-
9	em mais de 50% e até 100% de	suscetível (HS)	81, V-19-106, P-19-203, V-19-27, W-19-60, P-19-127, P-19-226, P-19-
	a zona das folhas		176

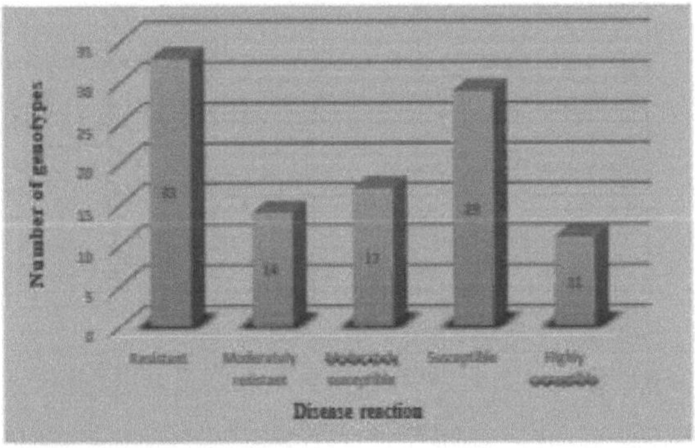

Fig. 4.1: Número de genótipos de feijão indiano classificados em diferentes reacções a doenças contra o mosaico amarelo

Os genótipos GNIB-22, P-19-193, W-19-63, W-19-65, V-19-185, V-19-03, P- 19-261, P-19-66, P-19-192, P-19-50, P-19-193,P-19-94, W-19-132, V-19-35, V-19- 131, W-19-05, P-19-98, P-19-07, V-19-17, V-19-111, W-19-63, W-19-90, V-19-162, V-19-24, V-19-171, V-19-15, V-19-140, W-19-30, P-19-25, P-19-169, V-19-211, V- 19-63 e GNBI-21 foram considerados resistentes. Os genótipos V-19-143, P-19-123, P-19-202, P-19-11, W-19-100, W-19-123, P-19-35, V-19-158, P-19-162, P-19-267, W-19-89, V-19-157, P-19-188 e V-19-134 apresentaram uma reação moderadamente resistente. Os genótipos viz, W-19-27, W-19-34, V-19-22, V-19-28, P-19-123, V- 19-61, V-19-183, P-19-171, W-19-67, W-19-161, P-19-207, P-19-150, P-19-86, P-19- 164, W-19-11, P-19-104 e V-19-154 mostraram-se moderadamente susceptíveis, enquanto os genótipos V-19-73, W-19-59, V-19-92, V-19-07, P-19-230, W-19-55, V-19-14, V-19-129, W-19-109, W-19-111, V-19-43, P-19-87, W-19-96, P-19-180, V-19-41, V-19-36,V-19-68, P-19-77, W-19-56, W-19-57, W-19-20, W-19-122, V-19-62, P-19-147, W-19-130, P-19-254, W-19-39, P-19-95 e W-19-58 susceptíveis, enquanto os genótipos V-19-135, V-19-11, V-19-09, P-19-81, V-19-106, P-19-203, V-19-27, W-19-60, P-19-127, P-19-226 e P-19-176 são altamente susceptíveis ao YMV. Resultados semelhantes foram observados por Singh et al. (1994), Singh et al. (2012), Renuka (2014) e Renuka et al. (2016) em genótipos de feijão indiano selecionados contra o DYMV.

4.1.2 Amplificação e sequenciação do componente A do ADN parcial do vírus do mosaico amarelo

4.1.2.1 Isolamento de ADN

O ADN foi isolado de folhas tenras infectadas com febre catarral ovina de seis genótipos de feijão indiano altamente susceptíveis (P-19-176, W-19-60, P-19-127, V-19-11, W-19-58, V-19-106) pelo método CTAB indicado por Doyle e Doyle, 1987, com algumas modificações. Após a extração do ADN, a concentração de ADN foi determinada utilizando Nano-drop (quadro 4.2) para verificar a sua qualidade e quantidade. Por conseguinte, foram utilizadas diferentes quantidades de ADN na reação de PCR para obter resultados uniformes. A qualidade do ADN foi verificada através de um gel de agarose a 0,8 % Foto 4.2.

Quadro 4.2: Concentração de ADN e relação 260/280 do ADN genómico extraído de amostras de folhas de genótipos de feijão indiano altamente susceptíveis

N.º Sr.	Genótipos	Concentração (ng/ µl)	Rácio 260/280
1	P-19-176	2340.0	1.83
2	W-19-60	1588.1	1.84
3	P-19-127	1225.1	1.79
4	V-19-11	1714.9	1.76
5	W-19-58	1631.1	1.81
6	V-19-106	1906.2	1.88

4.1.2.2 Amplificação por PCR do componente parcial do ADN-A

A fim de amplificar a sequência parcial de nucleótidos do vírus do mosaico amarelo (YMV), foram utilizados iniciadores específicos (quadro 3.4) para amplificar a região parcial da proteína da capa do componente DNA-A do YMV. A amplificação dos genes da proteína da capa parcial (CP) foi confirmada por eletroforese, tendo-se encontrado bandas de ~ 450 pb que confirmaram a presença do gene da CP parcial em todos os genótipos altamente susceptíveis (P-19-176, W-19-60, P-19-127, V-19-11, W-19-58, V-19-106) e não se obteve amplificação nos genótipos resistentes (P-19-169, V-19-15, V-19-35, GNIB-22, W-19-05, V-19-24). Um fragmento de ADN do gene parcial da proteína da pelagem foi amplificado com os iniciadores da proteína da pelagem DYMV1 e DYMV2 do vírus do mosaico amarelo dos dolichos com um amplicon de ~ 450 pb (Foto 4.3). Por conseguinte, a amplificação do fragmento parcial do gene da proteína do revestimento sugeriu que a infeção por YMD nos genótipos de feijão indiano se devia ao vírus do mosaico amarelo dos dolichos. Estes resultados estão em conformidade com as conclusões de Singh et al. (2012), que obtiveram um fragmento de ADN-A de ~750 pb do gene parcial da CP a partir de feijão indiano infetado com a DMJ. Maheshwari et al. (2014) obtiveram a amplificação do gene da proteína do revestimento do MYMV a partir de diferentes leguminosas utilizando iniciadores específicos do gene CP com um tamanho de amplicon de aproximadamente 700 pb e 650 pb, respetivamente. Mugisa et al. (2014) também registaram ~1300 pb no gene CP parcial do fragmento de ADN-A de feijão-mungo infetado com YMD. Além disso, um trabalho semelhante realizado por Rekha (2017) em mugbean e relatou a amplificação do gene da proteína do revestimento de ~ 650 pb de MYMV usando primers específicos. Do mesmo modo, Prema e Rangaswamy (2018) registaram a amplificação de ~1000 pb do gene da proteína do revestimento do MYMV em feijão-mungo.

4.1.2.3 Sequenciação do componente parcial do ADN-A do YMV

O fragmento parcial amplificado do gene CP do componente ADN-A foi purificado e sequenciado num sequenciador automático de ADN pelo método de sequenciação cíclica. Os resultados revelaram que a proteína de revestimento sequenciada do YMV tinha uma sequência de nucleótidos com 432 pb de comprimento. Os resultados da pesquisa BLAST (http://www.ncbi.nih.gov/BLAST), efectuada para identificar a homologia das sequências, demonstraram claramente que a sequência do gene da proteína da capa do YMV correspondia entre 95,05 e 90,69 por cento à de isolados do vírus do mosaico amarelo do dólico previamente registados em diferentes localizações geográficas. Com base na comparação das sequências, a DMJ no feijão indiano causada pelo YMV foi confirmada como dolichos yellow mosaic virus. Além disso, a sequência foi submetida ao GeneBank, NCBI, Bethesda, Maryland, EUA, utilizando a ferramenta de submissão Bankit do NCBI (https://www.ncbi.nlm.nih.gov). O número de acesso ON461886.1 foi atribuído à sequência pelo GeneBank no domínio público (https://www.ncbi.nlm.nih.gov.) (Apêndice II) (Apêndice IV).

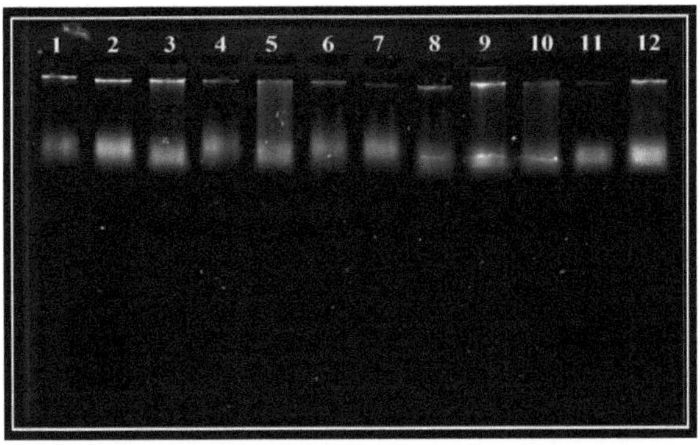

Foto 4.2: Visualização do ADN genómico em gel de agarose a 0,8 % de diferentes genótipos de feijão indiano altamente susceptíveis (1-6) e resistentes (7-12)

1. P-19-176	4. V-19-11	7. P-19-169	10. GNIB-22
2. W-19-60	5. W-19-58	8. V-19-15	11. W-19-05
3. P-19-127	6. V-19-106	9. V-19-35	12. V-19-24

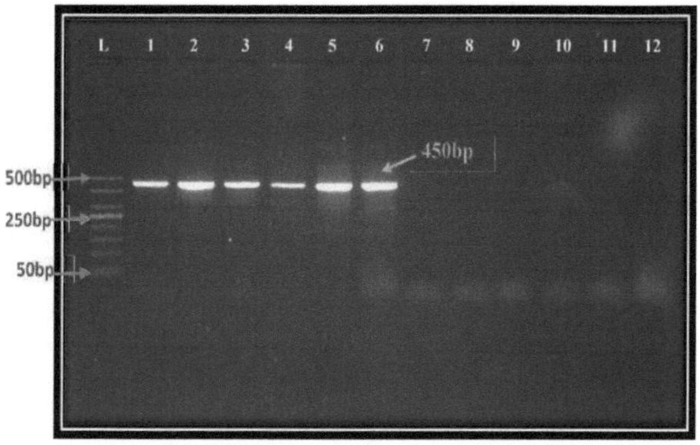

Foto 4.3: Amplificação por PCR do ADN-A do gene CP do YMV utilizando os iniciadores DYMVF1 e DYMVR2

L-50bp escada de ADN, 1-6 altamente suscetível, 7 -12 genótipos resistentes de feijão indiano			
1. P-19-176	4. V-19-11	7. P-19-169	10. GNIB-22
2. W-19-60	5. W-19-58	8. V-19-15	11. W-19-05
3. P-19-127	6. V-19-106	9. V-19-35	12. V-19-24

Um trabalho semelhante realizado por Mugisa et al. (2014) também relatou um gene CP parcial de ~1300 pb de um fragmento de DNA-A de feijão-mungo infetado com YMD. Um fragmento contendo 1285 pb foi obtido e posteriormente depositado no GeneBank, NCBI (Nº de acesso JQ004982). Além disso, o comprimento real do MYMV obtido foi de 889 pb, incluindo 115 pb de proteínas do pré-revestimento na extremidade 5', 774 pb de proteína do revestimento central e 257 aminoácidos deduzidos.

4.1.3 Análise filogenética da sequência e comparação com outros begomovírus

4.1.3.1 Alinhamento múltiplo e índice de similaridade

Os resultados obtidos com a ferramenta BLAST sugerem que o vírus sequenciado apresentou a maior identidade de 95,05% (Quadro 4.3) com o isolado AG do vírus do mosaico amarelo do dolichos, segmento de ADN A, sequência completa com o número de acesso MZ821026.1, MZ388546.1, GU591170.1. Seguido de 94,70% e 94,58% de identidade de sequência com os números de acesso KJ481204.1 e AJ968370.1, respetivamente, enquanto 93,98% e 93,86% de identidade de sequência com os números de acesso AM157412.1 e KP784661.1, respetivamente.Outros vírus que estavam estreitamente relacionados com os números de acesso MT108190.1, AY309241.1, JX315325.1, MH795972.1 têm 91,57%, 91,33%, 91,12%, 91,02%, enquanto os números de acesso MK391940.1, HQ221570.1 têm 90,82%, 90,69% de identidade de sequência, respetivamente. As sequências do gene da proteína da pelagem do presente estudo foram utilizadas para o estudo de homologia e a análise filogenética com 13 sequências diferentes do gene da proteína da pelagem previamente comunicadas e descarregadas do NCBI. Para estudar a homologia das sequências, foram efectuados alinhamentos de sequências múltiplas para todas as 14 sequências do gene da proteína da capa utilizando o programa CLUSTALW (2) (https://www.ebi.ac.uk/Tools/msa/clustalw2/). Foram efectuados alinhamentos múltiplos de sequências do segmento de ADN A do gene da proteína da capa do isolado NAU-RA do vírus do mosaico amarelo do dólico, número de acesso ON461886.1, para encontrar as sequências conservadas entre todas as sequências da proteína da capa do DYMV. O programa CLUSTALW (2) produz alinhamentos múltiplos de sequências divergentes com significado biológico. Calcula a melhor correspondência para as sequências selecionadas e alinha-as de modo a que as identidades, semelhanças e diferenças possam ser vistas utilizando este software e as relações evolutivas possam ser observadas. (Apêndice-III) De acordo com Fauquet et al., (2008), as tendências recentes na nomenclatura e demarcação de espécies, estirpes e variantes das espécies, conclui-se que o vírus sequenciado é uma variante experimental do DYMV (número de acesso MZ821026.1). Por conseguinte, o nome proposto para a variante é dolichos yellow mosaic virus isolate NAU-RA coat protein gene segment DNA A, número de acesso ON461886.1.

Tabela 4.3: Identidades percentuais (nucleótidos) entre o gene CP do DNA-A DYMV Número de acesso ON461886.1 e outros vírus do mosaico amarelo dos dolicos registados na base de dados NCBI

Sr. Não.	Nome do vírus	Identidade de sequência (%)	Número de acesso	Localização geográfica
1	Isolado do vírus do mosaico amarelo do Dolichos AG, segmento de ADN A, sequência completa	95.05	MZ821026.1	Nova Deli
2	Genes da proteína do revestimento (AV1) e da proteína do pré-revestimento (AV2) do isolado AG do vírus do mosaico amarelo do Dolichos, cds parciais; genes da proteína potenciadora da replicação (AC3) e da proteína activadora da transcrição (AC2), cds completos; e genes de iniciação da replicação proteína (AC1) gene, cds parcial	95.05	MZ388546.1	Nova Deli
3	Isolado do vírus do mosaico amarelo do dólico DYMV-CpKn, gene da proteína do revestimento (AV1), completo	95.05	GU591170.1	Uttar Pradesh
4	Isolado do vírus do mosaico amarelo do Dolichos DA, segmento de ADN A, sequência completa	94.58	KJ481204.1	Uttar Pradesh
5	Segmento de ADN-A completo do vírus do mosaico amarelo do Dolichos, estirpe Mysore	94.70	AJ968370.1	Karnataka

6	Segmento A do ADN do vírus do mosaico amarelo do Dolichos, sequência completa, isolado Bangalore-1	93.98	AM157412.1	Karnataka
Sr. Não.	Nome do vírus	Sequência identidade(%)	Adesão número	Geográfico localização
7	Isolado do vírus do mosaico amarelo do Dolichos CBE1, segmento de ADN - A, sequência completa	93.86	KP784661.1	Tamil Nadu
8	Isolado do vírus do mosaico amarelo do Dolichos BP-1, segmento de ADN-A, sequência completa	91.57	MT108190.1	Bangladesh
9	Segmento de ADN-A do vírus do mosaico amarelo do Dolichos, sequência completa	91.33	AY309241.1	Nova Deli
10	Clone JD18 do vírus do mosaico amarelo do Dolichos, genoma completo	91.12	JX315325.1	Nova Deli
11	Vírus do mosaico amarelo dos dolicósporos Isolamento de ADN-A do segmento TN-TM1, sequência completa	91.02	MH795972.1	Tamil Nadu
12	Mosaico amarelo cavalo-gramaisolado de vírus Hebbal 3 gene da proteína da capa, cds completos	90.82	MK391940.1	Karnataka
13	Vírus do mosaico amarelo do feijão-mungo isolado da Índia, isolado de Bengala Ocidental, gene da proteína do revestimento (AV1), cds parcial	90.69	HQ221570.1	Bengala Ocidental

4.1.3.2 Descoberta de uma estrutura de leitura aberta (ORF)

A sequência do gene da proteína da capa (AVI) (cds parcial) do DYMV foi analisada em relação a diferentes ORF utilizando a ferramenta ORF finder do NCBI, seguida de NCBI-BLASTP para a previsão da sequência da proteína da capa utilizando a base de dados pfam. A sequência prevista da proteína do revestimento de 104aa foi ainda analisada quanto à presença de um domínio conservado utilizando a ferramenta NCBI-CDD (fotografia 4.4). A ORF obtida a partir da sequência genética da proteína da capa mostrou a presença de um domínio conservado como a superfamília da proteína da capa do geminivírus/fator de exportação nuclear BR1 da base de dados Pfam, com o número de acesso Pfam00844 e o valor E de 5,05e-57 (fotografia 4.5). Foi também realizado um trabalho semelhante na sequência da proteína do revestimento do ToLCV por Kumar et al., (2012), na proteína do revestimento do Papaya Leaf curl virus por Patel e Kalaria (2018) e na sequência da proteína do revestimento do Tomato leaf curl virus disease (ToLCVD) por Solanki e Kalaria (2019).

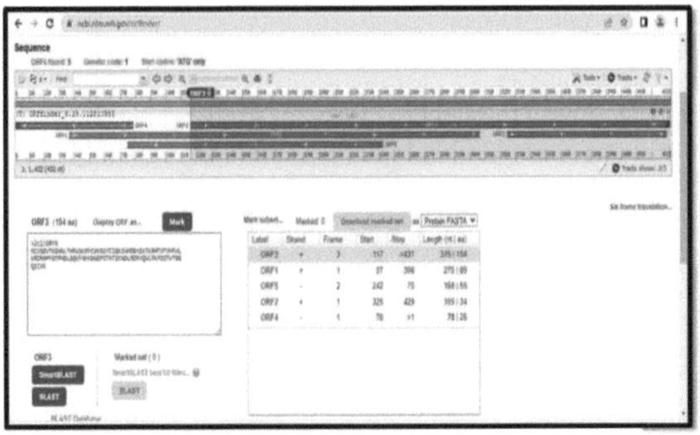

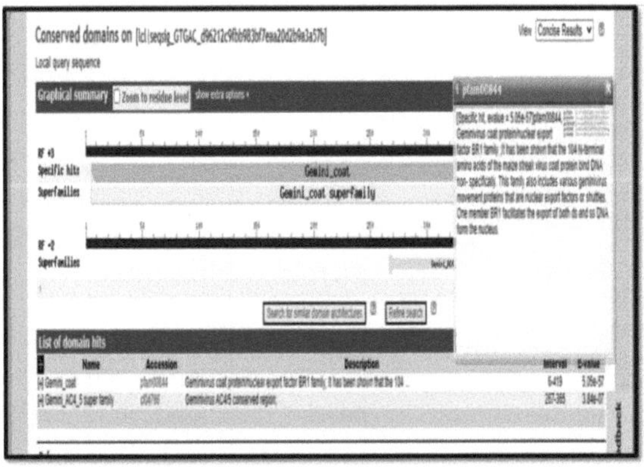

Foto 4.4: Sequência de aminoácidos prevista para o segmento de ADN do gene da proteína do revestimento do isolado NAU-RA do dolichos yellow mosaic virus A
Foto 4.5: Previsão do domínio conservado do gene da proteína do revestimento do isolado NAU-RA do vírus do mosaico amarelo do dólico, segmento de ADN A

4.1.3.3 Análise filogenética do gene CP do DNA-A DYMV com outros begomovírus

Foram efectuados alinhamentos de sequências múltiplas do segmento de ADN A do gene da proteína da capa do isolado NAU-RA do dolichos yellow mosaic virus, número de acesso ON461886.1, para encontrar as sequências conservadas entre todas as sequências de proteínas da capa do DYMV. Além disso, foi construída uma árvore filogenética pelo método Neighbour-Joining com 1 000 replicações bootstrap. A árvore filogenética construída utilizando os genes parciais da proteína da capa (CP) do isolado NAU-RA do vírus do mosaico amarelo do dólico, segmento de ADN A do gene da proteína da capa, mostrou dois grupos principais (Fig. 4.2). Além disso, o grupo A dividiu-se em duas subdivisões: o grupo A1 incluiu o segmento de ADN A do gene da proteína da capa do isolado NAU-RA do vírus do mosaico amarelo do dólico, com o número de acesso ON461886.1, seguido do grupo A2, que incluía MZ821026.1, MZ388546.1, GU591170.1, KJ481204.1, AJ968370.1, AM157412.1, KP784661.1, MT108190.1, AY309241.1, JX315325.1 e MH795972.1. Enquanto o grupo B se dividia em duas subdivisões, o grupo B1 incluía HQ221570.1 e o grupo B2 incluía MK391940.1. Além disso, o cluster A2 era composto principalmente pelas diferentes estirpes de DYMV que predominam nas diferentes regiões da Índia, principalmente Deli, UP, Tamil Nadu, Karnataka, Bengala Ocidental e em todo o Reino Unido, Coreia do Sul, enquanto o cluster A1 representava como isolado do vírus do mosaico amarelo dolichos NAU-RA, segmento de ADN A do gene da proteína do revestimento em Gujarat que conformou a infeção por YMD como DYMV em genótipos de feijão indiano em condições de campo durante Rabi 2021-22.

No presente estudo, o confinamento de espécies da doença do mosaico amarelo que infectam genótipos de feijão indiano no sul de Gujarat deveu-se ao vírus do mosaico amarelo dos dolichos (DYMV).

Análise filogénica semelhante relatada por Mugisa et al. (2014) em feijão-mungo contra MYMV. Akram et al. (2015) em feijão dolichos contra DYMV. Além disso, trabalho semelhante realizado por Madhumitha et al. (2019) em mungbean contra MYMV.

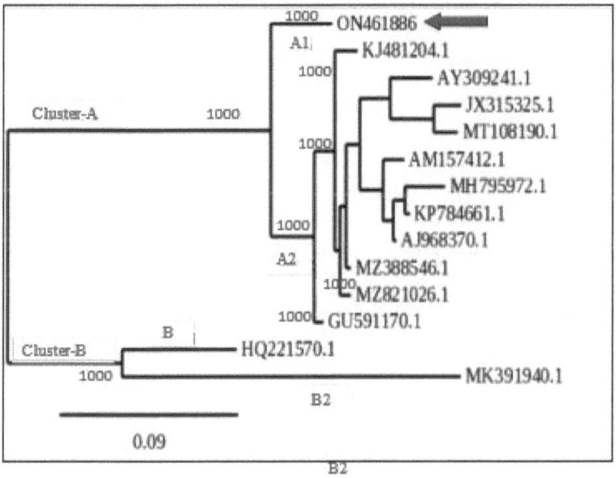

Fig. 4.2: Árvore filogenética das sequências do gene da proteína do revestimento do isolado de DYMV (ON461886) e do DYMV anteriormente registado

4.2 IDENTIFICAÇÃO DO(S) MARCADOR(ES) RGA ASSOCIADO(S) AO GENE DE RESISTÊNCIA

4.2.1 Isolamento do ADN genómico

No presente estudo molecular, foram selecionados genótipos de feijão indiano, incluindo seis altamente susceptíveis (P-19-176, W-19-60, P-19-127, V-19-11, W-19-58, V-19-106) e seis resistentes (P-19-169, V-19-15, V-19-35, GNIB-22, W-19-05, V-19-24), juntamente com variedades de controlo. O ADN genómico foi isolado das folhas tenras dos genótipos de feijão indiano acima selecionados pelo método CTAB.

4.2.2 Estimativa qualitativa e quantitativa do ADN

O ADN genómico isolado de doze amostras selecionadas foi verificado quanto à sua integridade. O ADN genómico bruto foi resolvido por eletroforese em gel de agarose e a relação OD 260/OD280 foi utilizada para avaliar a pureza do ADN. Um rácio de 1,8 é aceite como "puro" para o ADN. O ADN extraído foi utilizado para a análise de marcadores RGA. O genótipo P-19-169 apresentou uma concentração máxima de ADN (3729,3 ng/µl), e o P-19-127 apresentou uma concentração mínima (1225,1ng/µl) (Tabela 4.4). Este teste foi efectuado apenas para decidir a concentração de ADN na amostra a retirar para posterior análise RGA.

Tabela 4.4: Concentração de ADN e relação 260/280 do ADN genómico extraído de amostras de folhas de genótipos de feijão indiano resistentes e altamente susceptíveis

Sr. nº.	Genótipos	Concentração (ng/ µl)	Rácio 260/280
1	P-19-176	2340.00	1.83
2	W-19-60	1588.10	1.84
3	P-19-127	1225.10	1.79
4	V-19-11	1714.90	1.76
5	W-19-58	1631.10	1.81
6	V-19-106	1906.20	1.88
7	P-19-169	3729.30	1.85
8	V-19-15	2450.60	1.79
9	V-19-35	1794.80	1.86
10	GNIB-22	1562.50	1.80
11	W-19-05	2040.50	1.83
12	V-19-24	1638.60	1.81

4.2.3 Rastreio de marcadores RGA associados a genes de resistência

Para a análise RGA, foram selecionados nove pares de iniciadores RGA (quadro 3.7), utilizando ADN genómico de doze genótipos de feijão indiano. Destes, sete pares de iniciadores RGA1FCG & RGA1R, VMYR1F & VMYR1R, YR4F & YR4R, CYR1F & CYR1R, RGAIB1 & RGAIB2, RGAIB3 & RGAIB4, RGAIB5 & RGAIB6 mostraram amplificação em genótipos resistentes, enquanto dois pares de iniciadores (RGA8F & RGA8R), (RGA22F2 & RGA24R2) não amplificaram em genótipos resistentes. No total, foram selecionados nove pares de iniciadores. Destes, seis pares de iniciadores foram obtidos a partir da literatura anteriormente publicada: RGA1FCG & RGA1R, VMYR1F & VMYR1R, YR4F & YR4R, CYR1F & CYR1R, RGA8F & RGA8R, RGA22F2 & RGA24R2 e três pares de primers RGAIB1 & RGAIB2, RGAIB3 & RGAIB4, RGAIB5 & RGAIB6 foram concebidos recentemente. Dos seis pares de primers, quatro pares de primers foram amplificados com sucesso a partir da literatura previamente relatada. Por outro lado, todos os três pares de primers foram amplificados a partir do grupo recentemente concebido.

4.3 IDENTIFICAÇÃO DE MARCADORES RGA POLIMÓRFICOS EM GENÓTIPOS DE FEIJÃO INDIANO

O par de primers RGA um RGA1FCG & RGA1R mostrou a presença de bandas consistentes de tamanho ~450bp em todos os genótipos resistentes de feijão indiano (P-19-169, V-19-15, V-19-35, GNIB-22, W-19-05, V-19-24), enquanto que não se verificou em todos os genótipos altamente susceptíveis de feijão indiano (P-19-176, W-19-60, P-19-127, V-19-11, W-19-58, V-19-106)Foto 4.6. O par de primers RGA quatro VMYR1F & VMYR1R amplificou ~450 pb que estava presente em todos os genótipos de feijão indiano resistentes, enquanto não amplificou em todos os genótipos de feijão indiano altamente susceptíveis Foto 4.7.

O par de primers RGA cinco YR4F & YR4R mostrou a presença de bandas consistentes de tamanho ~450 pb em todos os genótipos de feijão indiano resistentes, mas não amplificou em todos os genótipos de feijão indiano altamente susceptíveis Foto 4.8. O par de iniciadores RGA seis CYR1F & CYR1R amplificou uma banda proeminente de ~950 pb, presente nos genótipos de feijão indiano resistentes P-19-169, V-19-15, V-19-35, GNIB-22, W-19-05, V-19-24, mas não amplificou nos genótipos de feijão indiano altamente susceptíveis P-19-176, W-19-60, P-19-127, V-19-11, W-19-58, V-19-106 (fotografia 4.9).O par de iniciadores RGA sete RGAIB1 & RGAIB2 amplificou uma banda proeminente de ~350 pb, presente em todos os genótipos de feijão indiano resistentes, mas ausente em todos os genótipos de feijão indiano altamente susceptíveis (P-19-176, W-19-60, P-19-127, V-19-11, W- 19-58, V-19-106) (Foto 4.O par de primers RGA oito RGAIB3 & RGAIB4 mostrou a presença de bandas consistentes de tamanho ~450 pb em todos os genótipos de feijão indiano resistentes, enquanto não amplificou em todos os genótipos de feijão indiano altamente susceptíveis Foto 4.11. O par de primers RGA nove RGAIB5 & RGAIB6 amplificou uma banda de ~1050 pb que estava presente em todos os genótipos de feijão indiano resistentes, mas não amplificou em todos os genótipos de feijão indiano altamente susceptíveis Foto 4.12.

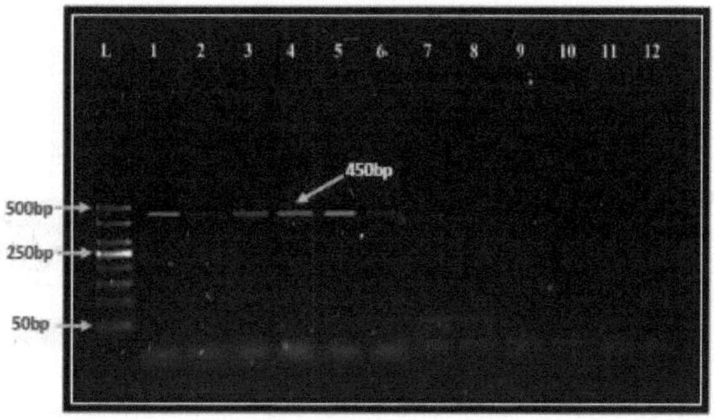

Foto 4.6: Perfil RGA de genótipos de feijão indiano resistentes (1-6) e altamente susceptíveis (7-12) por par de primers um (RGA1FCG & RGA1R)

Escada de ADN de L-50 pb			
1. P-19-169	4. GNIB-22	7. P-19-176	10. V-19-11
2. V-19-15	5. W-19-05	8. W-19-60	11. W-19-58
3. V-19-35	6. V-19-24	9. P-19-127	12. V-19-106

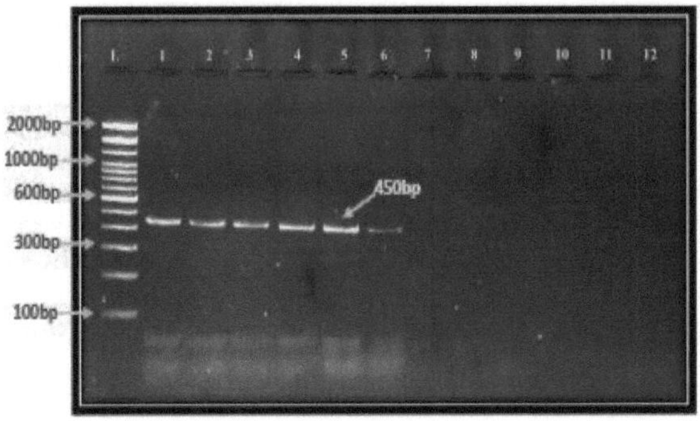

Foto 4.7: Perfil RGA de genótipos de feijão indiano resistentes (1-6) e altamente susceptíveis (7-12) com o par de iniciadores quatro (VMYR1F & VMYR1R)

Escada de ADN L-100bp			
1. P-19-169	4. GNIB-22	7. P-19-176	10. V-19-11
2. V-19-15	5. W-19-05	8. W-19-60	11. W-19-58
3. V-19-35	6. V-19-24	9. P-19-127	12. V-19-106

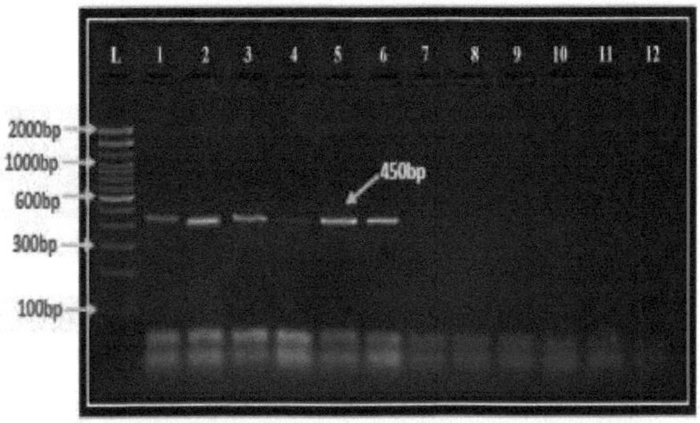

Foto 4.8: Perfil RGA de genótipos de feijão indiano resistentes (1-6) e altamente susceptíveis (7-12) com o par de iniciadores cinco (YR4F& YR4R)

Escada de ADN L-100bp			
1. P-19-169	4. GNIB-22	7. P-19-176	10. V-19-11
2. V-19-15	5. W-19-05	8. W-19-60	11. W-19-58
3. V-19-35	6. V-19-24	9. P-19-127	12. V-19-106

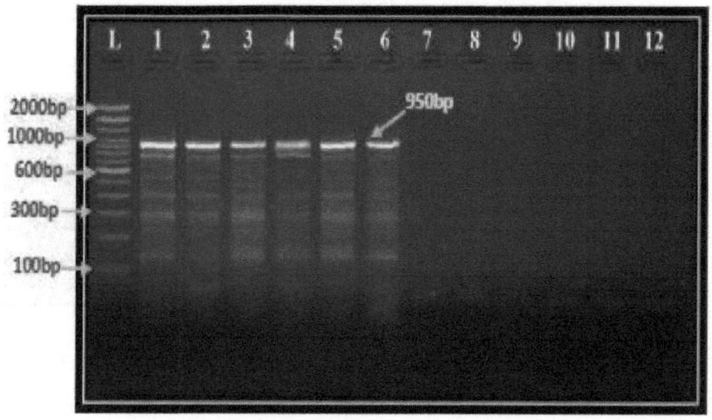

Foto 4.9: Perfil RGA de genótipos de feijão indiano resistentes (1-6) e altamente susceptíveis (7-12) com o par de iniciadores seis (CYR1F & CYR1R)

Escada de ADN L-100bp			
1. P-19-169	4. GNIB-22	7. P-19-176	10. V-19-11
2. V-19-15	5. W-19-05	8. W-19-60	11. W-19-58
3. V-19-35	6. V-19-24	9. P-19-127	12. V-19-106

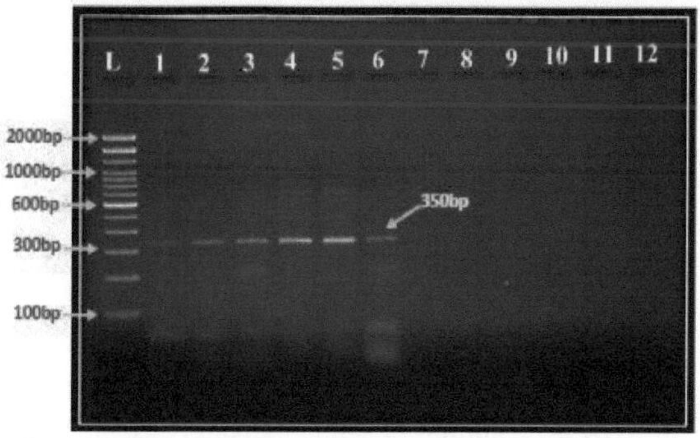

Foto 4.10: Perfil RGA de genótipos de feijão indiano resistentes (1-6) e altamente susceptíveis (7-12) com o par de iniciadores sete (RGAIB1 & RGAIB2)

Escada de ADN L-100bp			
1. P-19-169	4. GNIB-22	7. P-19-176	10. V-19-11
2. V-19-15	5. W-19-05	8. W-19-60	11. W-19-58
3. V-19-35	6. V-19-24	9. P-19-127	12. V-19-106

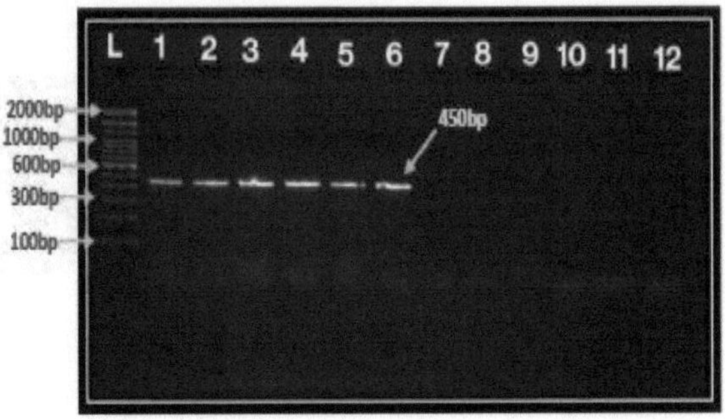

Foto 4.11: Perfil RGA de genótipos de feijão indiano resistentes (1-6) e altamente susceptíveis (7-12) por par de iniciadores oito (RGAIB3 & RGAIB4)

Escada de ADN de L-50 pb			
1. P-19-169	4. GNIB-22	7. P-19-176	10. V-19-11
2. V-19-15	5. W-19-05	8. W-19-60	11. W-19-58
3. V-19-35	6. V-19-24	9. P-19-127	12. V-19-106

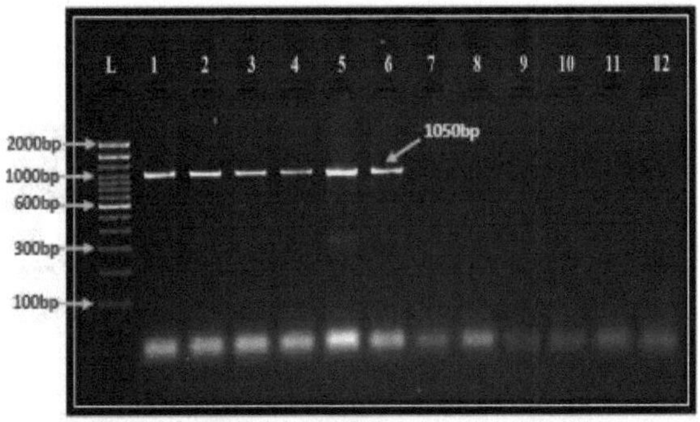

Foto 4.12: Perfil RGA de genótipos de feijão indiano resistentes (1-6) e altamente susceptíveis (7-12) com o par de iniciadores nove (RGAIB5 & RGAIB6)

Escada de ADN L-100bp			
1. P-19-169	4. GNIB-22	7. P-19-176	10. V-19-11
2. V-19-15	5. W-19-05	8. W-19-60	11. W-19-58
3. V-19-35	6. V-19-24	9. P-19-127	12. V-19-106

Por outro lado, os pares de iniciadores RGA dois e três RGA8F & RGA8R, RGA22F2 & RGA24R2 não apresentaram amplificação em todos os genótipos de feijão indiano resistentes e altamente susceptíveis. O presente estudo mostrou que foram selecionados nove pares de iniciadores RGA, utilizando doze genótipos de feijão indiano. Destes, sete pares de iniciadores RGA foram amplificados com êxito em todos os genótipos resistentes, enquanto não se observou qualquer amplificação em todos os genótipos altamente susceptíveis. Dos sete pares de iniciadores RGA, cinco pares de iniciadores RGA RGA1FCG & RGA1R, VMYR1F & VMYR1R, YR4F & YR4R, RGAIB3 & RGAIB4, RGAIB5 &RGAIB6 apresentaram uma única banda de aproximadamente 450 pb, 450 pb, 450 pb e 1050 pb, respetivamente, nos genótipos resistentes, enquanto apenas dois pares de iniciadores RGA CYR1F & CYR1R e RGAIB1 & RGAIB2 apresentaram uma banda proeminente de aproximadamente 950 pb e 350 pb, respetivamente. A amplificação observada nos genótipos resistentes e ausente nos genótipos altamente susceptíveis indica que estes marcadores estão associados ao gene que controla a resistência à febre catarral ovina no feijão-da-índia. As presentes investigações estão em conformidade com os resultados anteriormente comunicados por Basak et al. (2004), em que os marcadores (VMYR1F e VMYR1R) amplificaram a 445 pb em todas as linhas tolerantes de feijão-mungo. Além disso, Maiti et al. (2011), um YR4 amplificou um desses fragmentos polimórficos de 456 pb, enquanto um CYR1 amplificou outro fragmento polimórfico de 1236 pb, presente nas linhas tolerantes, mas ausente na cultivar suscetível. Resultados semelhantes foram também observados por Saravanan (2011), que reportou que os primers RGA1 (RGA1FCG & 1R) e RGA8 (RGA8F & 8R) produziram amplicons de 490-513pb e 387-390pb, respetivamente. Além disso, Kalaria (2014) quatro pares de fabricantes de RGA mostraram a presença de bandas consistentes de tamanho ~450bp em todas as linhas resistentes, enquanto ausentes em GM4 suscetível. Kabi et al. (2017) relataram que o par de primers RGA22F2 & RGA24R2 produziu um amplicon de 90 pb em sete genótipos resistentes. Além disso, um resultado semelhante foi observado por Patel et al. (2018), que relataram que apenas um par de primers RGA 1F-CG/RGA 1R amplificou uma única banda de 445 pb no genótipo resistente, enquanto ausente no suscetível. No presente estudo, sete pares de marcadores RGA foram eficazes na distinção entre os genótipos de feijão indiano resistentes e altamente suscetíveis. Estes marcadores RGA podem ser utilizados para o mapeamento de genes de resistência e estudos de validação de marcadores com resistência duradoura ao YMV. Os marcadores RGA serão utilizados na seleção assistida por marcadores para o desenvolvimento de cultivares resistentes num período de tempo relativamente curto.

CAPÍTULO 5

RESUMO E CONCLUSÃO

A presente investigação intitulada "Triagem de marcador(es) análogo(s) de gene de resistência em feijão indiano [Lablab purpureus (L.) Sweet] contra a doença do mosaico amarelo" foi realizada no Departamento de Biologia Molecular Vegetal e Biotecnologia, ASPEE College of Horticulture and Forestry, Navsari Agricultural University, Navsari durante 2021-22. A experiência de campo foi realizada na College Farm, N. M. College of Agriculture, Navsari Agricultural University, Navsari, durante o Rabi 2021.

5.1 RESUMO

Neste estudo, com base na escala de classificação da doença (1-9), 104 genótipos de feijão indiano rastreados em condições de campo contra a doença do mosaico amarelo durante o Rabi 2021-22. Dos 104 genótipos de feijão-da-índia, verificou-se que 33 genótipos eram resistentes, 14 genótipos eram moderadamente resistentes, 17 genótipos eram moderadamente susceptíveis, 29 genótipos eram susceptíveis e 11 genótipos eram altamente susceptíveis à doença do mosaico amarelo. Um fragmento de ADN do gene parcial da proteína do revestimento (CP) foi amplificado com os iniciadores da proteína do revestimento (CP) DYMV1 e DYMV2 do vírus do mosaico amarelo dos dolichos com um amplicon de ~ 450 pb, enquanto os iniciadores MYMIVF1 & MYMIVR2, MYMIVF3 & MYMIVR4, MYMVF5 & MYMVR6, DYMV3 & DYMV4 não amplificaram. Por conseguinte, a amplificação do fragmento parcial do gene da proteína do revestimento sugeriu que a infeção por YMD nos genótipos de feijão indiano se devia ao vírus do mosaico amarelo dos dolichos. O fragmento amplificado foi purificado e sequenciado. Obteve-se uma sequência de nucleótidos de 432 pb. Os resultados obtidos com a ferramenta BLAST sugeriram que o vírus sequenciado apresentava uma identidade máxima de 95,05% com o isolado AG do segmento de ADN A do vírus do mosaico amarelo do dolichos, sequência completa com o número de acesso MZ821026.1. De acordo com as tendências recentes em matéria de nomenclatura e demarcação de espécies, estirpes e variantes das espécies, conclui-se que o vírus sequenciado é uma variante experimental do DYMV (número de acesso MZ821026.1). Por conseguinte, o nome proposto para a variante é dolichos yellow mosaic virus isolate NAU-RA coat protein gene segment DNA A, número de acesso ON461886.1. A sequência prevista da proteína do revestimento de 104aa obtida utilizando a ferramenta ORF finder foi analisada para detetar a presença de um domínio conservado utilizando a ferramenta NCBI-CDD. A ORF obtida a partir da sequência do gene da proteína da capa mostrou a presença de um domínio conservado como a superfamília da proteína da capa do geminivírus/fator de exportação nuclear BR1 da base de dados Pfam com o número de acesso Pfam00844 e o valor E 5,05e-57. A árvore filogenética construída com base nos genes parciais da proteína da capa (CP) do segmento do gene da proteína da capa do isolado NAU-RA do vírus do mosaico amarelo do Dolichos mostrou dois grupos principais. Além disso, o grupo A dividiu-se em duas subdivisões, uma vez que o grupo A1 incluía o segmento do gene da proteína da capa do isolado NAU-RA do vírus do mosaico amarelo do Dolichos, com o número de acesso ON461886.1, seguido do agrupamento A2, que incluía MZ821026.1, MZ388546.1, GU591170.1, KJ481204.1, AJ968370.1, AM157412.1, KP784661.1, MT108190.1,

AY309241.1, JX315325.1 e MH795972.1. Além disso, o cluster A2 é composto principalmente pelas diferentes cepas de DYMV que predominam principalmente nas diferentes regiões da Índia, principalmente Delhi, UP, Tamil Nadu, Karnataka, Bengala Ocidental e em todo o Reino Unido, Coréia do Sul, enquanto o cluster A1 representado como isolado do vírus do mosaico amarelo dolichos NAU-RA segmento de DNA do gene da proteína do revestimento A em South Gujarat que conformou a infeção YMD como DYMV em genótipos de feijão indiano em condições de campo durante Rabi 2021-22. No presente estudo, o confinamento de espécies de doença do mosaico amarelo que infectam genótipos de feijão indiano no Sul de Gujarat deveu-se ao mosaico amarelo dos dolichos (DYMV). A presente investigação, o rastreio foi realizado para nove pares de primers RGA utilizando ADN genómico de doze genótipos de feijão indiano. Destes, seis pares de iniciadores foram obtidos a partir da literatura anteriormente publicada: RGA1FCG & RGA1R, VMYR1F & VMYR1R, YR4F & YR4R, CYR1F & CYR1R, RGA8F & RGA8R, RGA22F2 & RGA24R2 e três pares de primers RGAIB1 & RGAIB2, RGAIB3 & RGAIB4, RGAIB5 & RGAIB6 foram concebidos recentemente.Dos nove pares de iniciadores RGA, sete pares de iniciadores RGA foram amplificados com êxito em todos os genótipos resistentes, não tendo sido observada qualquer amplificação em todos os genótipos altamente susceptíveis, enquanto dois pares de iniciadores não foram amplificados em genótipos resistentes. Quatro pares de primers foram amplificados com sucesso a partir da literatura previamente relatada. Por outro lado, todos os três pares de primers foram amplificados a partir do grupo recentemente concebido.Os resultados foram obtidos em sete pares de primers RGA. Destes, cinco pares de primers RGA RGA1FCG &RGA1R, VMYR1F & VMYR1R, YR4F & YR4R, RGAIB3 & RGAIB4, RGAIB5 & RGAIB6, foram encontradas bandas únicas de aproximadamente 450 pb, 450 pb, 450 pb e 1050 pb, respetivamente, nos genótipos resistentes, enquanto apenas dois pares de iniciadores RGA CYR1F & CYR1R e RGAIB1 & RGAIB2 foram observados com bandas proeminentes de aproximadamente 950 pb e 350 pb, respetivamente. A amplificação observada em todos os genótipos resistentes, embora ausente nos genótipos altamente susceptíveis, indicou que estes marcadores estavam associados ao gene que controla a resistência à febre catarral ovina no feijão-da-índia. Uma vez que os begomovírus representam uma séria ameaça para o cultivo de muitas culturas economicamente importantes, foram obtidos resultados em sete pares de marcadores RGA que foram eficazes na distinção entre genótipos resistentes e altamente susceptíveis. Estes marcadores RGA podem ser utilizados eficazmente em programas MAS para melhorar os traços de resistência à doença DYMV em genótipos de feijão indiano. Estes marcadores RGA encontram as suas aplicações na genómica e na bioinformática, como o mapeamento de ligações, o mapeamento de QTL, a clonagem de genes de resistência das plantas e o melhoramento da resistência.

5.2 CONCLUSÃO

- Um total de 104 genótipos de feijão indiano foi analisado contra a doença do mosaico amarelo, dos quais 33 genótipos se revelaram muito resistentes, 14 moderadamente resistentes, 17 moderadamente susceptíveis, 29 susceptíveis e 11 altamente susceptíveis à doença do mosaico amarelo.
- Caracterização do ADN parcial do gene da proteína do revestimento A do vírus que causa o mosaico amarelo dos dolichos do feijão-da-índia.
- A caraterização molecular confirmou que as espécies de genótipos de feijão indiano

infectados com a doença do mosaico amarelo em condições de campo no sul de Gujarat eram devidas ao vírus do mosaico amarelo dos dolichos (DYMV).

- A fonte de resistência obtida no presente estudo pode ser utilizada no programa de melhoramento para desenvolver variedades resistentes ao DYMV.
- O resultado de sete pares de marcadores RGA pode ser utilizado para o mapeamento de genes de resistência e estudos de validação de marcadores.
- A informação disponível no presente estudo sobre o marcador RGA ligado à resistência ao DYMV pode ajudar o programa indiano de melhoramento do feijão destinado a conferir resistência ao mosaico em variedades determinadas e indeterminadas de elevado rendimento utilizando a seleção assistida por marcadores.

REFERÊNCIAS

Aarts, M.G.; Hekkert, B. T. L.; Holub, B. T.; Beynon, J. L.; Stiekema, W. J. e Pereira, A. (1998). Identificação de fragmentos de DNA homólogos ao gene R geneticamente ligados a loci de resistência a doenças em Arabidopsis thaliana. Mol Plant-Microbe Interact, **11**: 251-258.

Ahmad, M. (1975). Rastreio do feijão-mungo (Vigna radiata) e do feijão-urd (V. mungo) para a resistência dos germoplasmas ao vírus do mosaico amarelo. J. Agric. Res., **13**: 349-54.

Ahmad, M. e Harwood R. F. (1973). Estudos sobre o mosaico amarelo transmitido pela mosca branca do feijão-urd (Phaseolus mungo). Plant Dis. Reporter, **57**: 800-802.

Akram, M.; Agnihotri, A. K.; Gupta, S. e Singh, N. P. (2015). Caracterização do genoma completo do vírus do mosaico amarelo dos dolichos com base na comparação de sequências, recombinação genética e relação filogenética. Annals of Applied Biology, **167**(3), 354-363.

Amrate, P. K.; Pancheshwar, D. K. e Shrivastava, M. K. (2018) Avaliação do germoplasma de soja contra a podridão do carvão, a praga aérea e a doença do vírus do mosaico amarelo em Madhya Pradesh. Pl. Dis. Res., **33** (2): 185-190.

Anónimo (2021). Diretor da Agricultura, Quarta Estimativa Antecipada. Retirado de https://dag.gujarat.gov.in/images/directorofagriculture/pdf/Third-Advance- Estimate-2021-22.pdf.

Azhar, M. T.; Amin, I.; Bashir, A. e Mansoor, S. (2011). Caracterização de análogos de genes de resistência de Gossypium arboreum e suas relações evolutivas com homólogos de algodões tetraplóides. Euphytica, **178**(3): 351-362.

Azhar, M.; Amin, I.; Anjum, Z.; Arshad, M. e Briddon, R. (2010). Os betasatélites malváceos e não malváceos estão associados a duas espécies de algodão selvagem cultivadas em condições de campo no Paquistão. Virus Genes, **41**:417-424.

Bachkar, C. B.; Balgude, Y. S.; Shinde, P. B. e Deokar, C. D. (2019). Triagem de genótipos de soja contra o vírus do mosaico da soja em condições naturais e de casa de vidro. IJCS., **7**(1): 2267-2269.

Baker, B.; Zambriski, P.; Staskawicz, B. e Dineshkumar, S. P. (1997). Signaling in plantmicrobe interactions (Sinalização nas interações planta-micróbio). Sci., **276**: 726-733.

Baruah, S.; Sharma, M. K.; Baishya, D.; Sharma, A. A.; Borah, R. e Bhuyan. (2014). Variação genética para rendimento de sementes e resistência ao vírus do mosaico amarelo na soja [Glycine max (L.) Merrill.]. Int. J. Sci. Res., **4**(9): 1-5.

Basak, J.; Kundagrami, S.; Ghose, T. K. e Pal, A. (2004). Desenvolvimento de um marcador de ADN ligado resistente ao vírus do mosaico amarelo (YMV) em Vigna mungo a partir de populações que segregam para a reação ao YMV. Mol. Breed, **14**: 375-383.

Basak, J.; Kundu, S., e Pal, A. (2007). Análise filogenética da organização estrutural divergente do domínio de ligação de nucleótidos codificado por genes de resistência e homólogos de genes na família fabaceae. Indian J. Biotech, **6**: 9-17.

Basak, J.; Soumitra M.; Sabyasachi K.; Anirban K. e Amita P., (2011). Genotipagem assistida por marcadores moleculares de germoplasmas resistentes ao vírus do mosaico amarelo da Índia de mungbean e urdbean. Mol. Biotechnol., **47**:95-104.

Basavaraja, M. K. e Keshava Murthy. (1992). Estudos sobre a identificação de um vírus que causa mosaico no feijão. Teses de Mestrado (Agri), Univ.Agri.Sci. Banglore, 198 pp.

Bhanu, A. N.; Singh, M. N. e Srivastava, K. (2017). Triagem de genótipos de mungbean [Vigna radiata (L.) Wilczek] para resistência ao vírus do mosaico amarelo do mungbean em condições naturais. Adv. Plantas Agric. Res., **7**(6): 276.

Bharath, K.; Kamendra, S.; Shukla, P. S.; Pushpendra, M. K. G. e Meenakshi, B. (2018). Triagem de genótipos de soja contra o vírus do mosaico amarelo, a ferrugem da rizoctoniaaerial e a pústula bacteriana. Pantnagar J. Res., **16(**1): 29-35.

Capoor S. P. e Varma P M (1948) Yellow mosaic of Phaseolus lunatus L. Curr Sci **17:** 152-53.

Capoor, S. P. e Varma, P. M. (1950). Nova doença viral de Dolichos lablab. Curr. Sci., **19**: 248-49.

Dangl, J. L. e Jones, J. D. (2001). Patógenos de plantas e respostas de defesa integradas à infeção. Nature, **411**: 826-833.

Das, A.; Aghora, T. S.; Reddy, M. K.; Nandeesha, P. e Venugopalan, R. (2021). identificação da fonte de resistência à doença do mosaico amarelo da grama-da-índia (HYMD) no feijão francês (Phaseolus vulgaris L.). Legume Res**.** Int J., **1:** 6.

Das, R.; Ray, D. D. e Bhattacharyya, P. K. (2017). Avaliação de campo de variedades de soja para resistência ao vírus do mosaico amarelo (YMV) nas planícies gangéticas inferiores de Bengala Ocidental, Índia. J. Mycopathol. Res., **55**(3): 265-268.

Deka, RK. e Sarkar, CR. (1990). Composição nutricional e factores anti-nutricionais de

Sementes de Dolichos lablab L. Food Chem. **38**: 239-246.

Devi, H. C.; Kumari, V. P. e Kumar, V. M. (2022). Variabilidade em caracteres vegetativos, parâmetros de rendimento e caracteres de sementes em genótipos de blackgram com reação variável à infeção pelo vírus do mosaico amarelo do feijão-mungo. Indian Phytopathol, **1-6**.

Devi, H. C.; Kumari, V. P.; Devi, P. S. e Sinha, B. (2017). Triagem de genótipos de grama preta para variabilidade molecular em reação à doença do mosaico amarelo do mungbean. Indian Phytopathol, **70**(3): 353-358.

Dharajiya, D. T.; Ravindrababu, Y. e Pagi, N. K. (2018). Triagem de genótipos de mungbean [Vigna radiata (L,) Wilczek] para resistência contra o vírus do mosaico amarelo do mungbean (MYMV) em condições de campo. Intl. J. Curr. Microbiol. Appl. Sci., **7**(05): 3472-83.

Dharajiya, D. T.; Tiwari, K. K. e Ravindrababu, Y. (2021). Identificação de fontes resistentes de mungbean [Vigna radiata (L.) Wilczek] contra o vírus do mosaico amarelo do mungbean (MYMV) por avaliação de campo e marcadores moleculares ligados. Vegetos., **34**(4): 814-821.

Dholakia, H.P.; Mehta D. R, Joshi, M. K. e Delvadiya, I. R. (2019). Caracterização molecular de genótipos de feijão indiano (Lablab purpureus L.). J. Pharmacogn. Phytochem., **8**(2): 455-463.

Doyle, J. J. e Doyle, J. L. (1987). Um procedimento rápido de isolamento de DNA para pequenas quantidades de tecido foliar fresco. Phytochem. Bull, **19**:11-15.

Fauquet, C.; Briddon, R.; Brown, J.; Moriones, E.; Stanley, J. e Zerbini, M. (2008). Demarcação e nomenclatura das estirpes de Geminivirus. Arch. Virol., **153**: 783-821.

Gaikwad, H. D.; Deokar, C. D.; Kolase, S. V.; Deshmukh, M. P.; Chimote, V. P.; Narute, T. K. e Prabha, K. (2021). Pesquisa para incidência natural da doença do mosaico amarelo da soja no oeste de maharashtra. Int. J. Curr. Microbiol. App. Sci., **10**(03): 800-809.

Gassman, W.; Hinsh, M.E. e Staskawicz, B.J. (1999). O gene de resistência bacteriana Arabidopsis RPS4 é um membro da família TIR-NBS-LRR de genes de resistência a doenças. Plant.J., **20**: 265-277.

Gebhardt, C. (1997). Genes de plantas para resistência a agentes patogénicos - variação sobre um tema. Trends Plant Sci., **2**: 243-244.

Geffroy, V.; Sevignac, M.; De Oliveira, J. C. F.; Fouilloux, G.; Skroch, P.; Thoquet, P.; Gepts, P.; Langin, T. e Dron, M. (2000). Herança da resistência parcial a Colletotrichum lindemuthianum em Phasiolus vulgaris e co-localização de loci de caraterísticas quantitativas com genes envolvidos na resistência específica. Mol. Plant- Microbe. Interact., 13: 287-296.

Ghafoor, A.; Zahoor, A.; Quereshi, A.S. e Iqbal, S.N. (2000). Significância do vírus do mosaico amarelo do feijão mungo no rendimento e na sua componente em Vigna mungo L. Hepper. Pak. J. Phytopathol., **2**(2): 74-78.

Gokidi, Y.; Singh, M. N.; Singamsetti, A. e Lekkala, S. (2021). Triagem de genótipos de mungbean (Vigna radiata l. Wilczek) para resistência ao vírus do mosaico amarelo do mungbean em condições de campo. J. Plant. Nutr. Soil Sci., **33**(7): 39-45.

Hammond, K. E; Kosack. e Jones J.D.G. (1997). Plant disease resistance gene, Annu. Rev. Plant Mol. Biol., **48**: 575-607.

Jalaluddin, M. e Shaikh, M. A. Q. (1981). Avaliação do germoplasma de feijão-mungo (Vigana radiata L.) para resistência ao vírus do mosaico amarelo do feijão-mungo. Sabrao J. Breed. Genet., **13**: 61-68.

Jameel, A.; Lal, H. C.; Singh, PK.; Karmakar, S.; Kumar G. N. e Kumar, A. (2016). Identificação de fontes resistentes de Vigna spp. contra o mosaico amarelo. Virol- mycol., **5**: 1.

Jayappa, R. H.; Sab, J.; Gautam, C. e Devamani, B. D. (2017). Triagem de genótipos de mungbean contra a doença do vírus do mosaico amarelo do mungbean. Int J Curr Microbiol App Sci., **6**(5): 1746-1752.

Jyothi, N.; Patil, B. R. e Lokeshkumar, B. M. (2020). Triagem de germoplasma de mungbean contra o vírus do mosaico amarelo de mungbean em condições naturais. IJCS, **8**(4), 2135-2137.

Kabi, M.; Das, T. R.; Baisakh, B. e Swain, D. (2017). Seleção assistida por marcador análogo ao gene resistente de genótipos resistentes ao vírus do mosaico amarelo em greengram (Vigna radiata). Int. J. Curr. Microbiol. App. Sci., **6**(9): 3247-3252.

Kabi, M.; Das, T. R.; Baisakh. B. e Swain, S. (2018) Validação de marcadores moleculares ligados à resistência à doença do vírus do mosaico amarelo em diversos genótipos de grama verde (Vigna radiata). Int. J. Curr. Microbiol. App.Sci., **7**(2): 3457-3465.

Kalaria, R. K. (2014) Identificação de marcador molecular para introgressão de mungbean resistente ao vírus do mosaico amarelo (mymv) em mungbean (vigna radiata L.). Tese de doutoramento; Universidade Agrícola de Navsari, Navsari. 67 p.

Kalaria, R. K.; Mahatma, M. K. E Mahatma, L. (2013). Caracterização molecular de begomovírus infectando abutilon glaucum na região sul de gujarat, The Bioscan., **8**(1):105-107.

Kanazin, V.; Frederick, M. L. e shoemaker, R. C. (1996). Os análogos de genes de resistência são conservados e agrupados na soja. Proc. Natl. Acad. Sci. U. S. A., **93**: 11746-11750.
Karthikeyan, A.; Shobhana, V. G.; Sudha, M.; Raveendran, M.; Senthil, N.; Pandiyan,

M. e Nagarajan, P. (2014). Vírus do mosaico amarelo do feijão-mungo (MYMV): Uma ameaça à produção de grama verde (Vigna radiata) na Ásia. Int. J. Pest Mgmt., **60**: 314-24.

Keerthi, C. M.; Ramesh, S.; Byregowda, M.; Rao, A. M.; B. S. Rajendra Prasad e P.

V. Vaijayanthi (2014). Genética do hábito de crescimento e resposta fotoperiódica ao tempo de floração no feijão indiano [Lablab purpureus (L.) Sweet]. J. Genet., **93**: 203 - 206.

Khosla, G.; Gill, B. S.; Sirari, A.; Sharma, P. e Singh, S. (2021). Herança e mapeamento molecular da resistência contra o vírus do mosaico amarelo da Índia do mungbean na soja (Glycine max). Plant Breed, **140**(5): 860-869.

Kilonzi, S. M.; Makokha, A. O. e Kenji, G. M. (2017). Caraterísticas físicas, composição proximal e factores anti-nutricionais em grãos de feijão indiano (Lablab purpureus) genótipos do Quénia. J. Appl. Biosci., **114:** 11289- 11298.

Knepper, C. e Day, B. (2010). Da perceção à ativação: a paisagem molecular-genética e bioquímica da sinalização da resistência às doenças nas plantas, Arabidopsis Book, **8**: 12.

Korattukudy, C. A.; Samy, A. P. L. M. A.; Rengasamy, K.; Devadhasan, S.; Shunmugavel, S.; Yasin, J. K. e Madhavan, A. P. (2022). Análise da diversidade genética em genótipos de blackgram (Vigna mungo) usando marcadores de microssatélites para resistência ao vírus do mosaico amarelo. Plant Prot. Sci., **58**(2): 110-124.

Kumar, B.; Talukdar, A.; Verma, K.; Girmilla, V.; Bala, I.; Lal, S. K.; Singh, K. P. e Sapra, R. L. (2014). Triagem de genótipos de soja [Glycine max (L.) Merr.] para resistência à doença do vírus do mosaico amarelo (YMV) e sua caraterização molecular usando marcadores RGA e SSRs. Aust. J. Crop Sci., **8**(1): 27-34.
Kumar, B.; Talukdar, A.; Verma, K.; Girmilla, V.; Bala, I.; Lal, S. K.; Singh, K. P. e Sapra, R. L. (2008). Triagem de soja [Glycine max (L.) Merr.]. genótipos para resistência à doença do vírus do mosaico amarelo (YMV) e sua caraterização molecular usando marcador RGA e SSRs. Aust. J. Crop Sci., **8**(1): 27-34.
Kumar, SP.; Patel, S. K.; Kapopara, R. G.; Jasrai, Y. T. e Pandya, H. A. (2012). Aspectos evolutivos e moleculares da proteína internacional do revestimento do vírus do enrolamento da folha do tomate indiano, J. Plant Genomics **1-12**.

Leister, D.; Ballvora, A.; Salamini, F. e Gebhardt, C. (1996). A PCR-based approach for isolating pathogen resistance genes from potato with potential for wide application in plants. Nat Genet, **14**: 421-429.

Liu, C. J. (1996). Diversidade genética e relações entre Lablab purpureus

genótipos avaliados com marcadores RAPD. Euphytica, **90**: 115-119.

Maass, B. L. (2016). Origem, domesticação e dispersão global de Lablab purpureus

(L.) Sweet (Fabaceae): conhecimento atual. Semente, 10, 14.

Madhumitha, B.; Aiyanathan, A. E. A. e Sudha, M. (2019). Caracterização baseada na proteína do revestimento do vírus do mosaico amarelo do mungbean em Tamil Nadu. J. pharmacogn. Phytochem., **8**(2): 2119-2123.

Mago, R.; Nair, S. e Mohan, M. (1999). Análogos de genes de resistência do arroz: clonagem, sequenciação e mapeamento. Theor. Appl. Genet, **99**: 50-57.

Maheshwari, R.; Panigrahi, G. e Angappan, K. (2014). Caracterização molecular de isolados distintos de YMV (vírus do mosaico amarelo) que afetam leguminosas na Índia com a ajuda do gene da proteína do revestimento como marcador de identificação. Mol. Biol. Rep., **41**: 2635- 2644.

Maiti, S.; Basak, J.; Kundagrami, S.; Kundu, A. e Pal, A. (2011). Genotipagem assistida por marcadores moleculares de germoplasmas de mungbean e urdbean resistentes ao vírus do mosaico amarelo da Índia. Mol. Biotech., **47**(2): 95-104.

Malik, V. K.; Singh, D. P.; Panchta, R. e Arya, S. (2017). Avaliação dos genótipos de leguminosas áridas (feijão-caupi e feijão-mariposa) contra o vírus do mosaico da veia amarela. J. Res., **47** : 29-31

Martinez, M.G.; Castagnaro, A. P. e Diaz Ricci, J.C. (2004). Isolamento e análise da diversidade de análogos de genes de resistência (RGAs) de morangos cultivados e silvestres. Mol. Gen. Genomics, **272**: 480-487.

McHale, L.; Tan, X.; Koehl, P. e Michelmore, R.W. (2006). Proteínas NBS-LRR de plantas: Guardas adaptáveis, Genome Biol, **7**: 212.

Meghwal, R.; Joshi, U.; Kumar, S. e Sharma, R. (2015). Triagem da coleção principal de feijão traça (Vigna aconitifolia) contra o vírus do mosaico amarelo. Indian J. Agri. Sci, **85**: 571-575.

Meyers, B. C.; Dickerman, A. W.; Michelmore, R. W.; Sivaramakrishnan, S.; Sobral,

B. W. e Young, N. D. (1999). Os genes de resistência a doenças das plantas codificam membros de uma família de proteínas antiga e diversificada da superfamília de ligação a nucleótidos. Plant J., **20:** 317-332.

Ming, E L.; Xiao, Y.; Jin, Y. I.; Yun, Z.; Le, Z. K. e Feng, L. (2005). Relação entre fenótipos resistentes a explosões e perfis de análogos de genes resistentes em arroz. Rice Sci., **12**(2): 75-82.

Mishra, N.; Tripathi, M. K.; Tiwari, S.; Tripathi, N. e Trivedi, H. K. (2020). Triagem morfológica e molecular de genótipos de soja contra a doença do vírus do mosaico amarelo. Legume Res. Int. J., 1-8, DOI: 10.18805/LR-4240.

Mugisa, C.; Patel, H. P.; Mahesh, M. e Lalit, M. (2014). Caracterização molecular do vírus do mosaico amarelo do mungbean que infecta o mungbean no sul de Gujarat. J. Mycol. Pl. Pathol., **44**(2): 214-218.

Muniyappa, V.; Reddy. H. R. e Shivashankar, G. (1975). Doença do mosaico amarelo Dolichos biflorus Linn. (cavalinha). Curr. Res., **4** : 176.

Murphy, A. M. e Colucci, P. E. (1999). Uma solução forrageira tropical para dietas de má qualidade para ruminantes: A review of Lablab purpureus. Livest. Res. Rural Dev., **11**.

Naeem, M.; Khan M. MA.; Siddiqui, MH. (2009) O triacontanol estimula a fixação de azoto, as actividades enzimáticas, a fotossíntese, a produtividade das culturas e a qualidade do feijão-jacinto (Lablab purpureus L.). Scientia Hortic., **121**(4): 389-396.

Nariani, T. K. (1960). Mosaico amarelo do feijão-mungo (Phaseolus aureus). Indian Phytopath, **13**: 24-29.

Naveesh, Y. B.; Prameela, H. A.; Basavaraj, S. e Rangaswamy, K. T. (2020). Triagem de genótipos de soja para a doença do vírus do mosaico amarelo da soja. Int. J. Curr. Microbiol. App. Sci., **9**(3): 2070-2076.

Nawaz, R. M. e Fauquet, C. (2009). Evolução dos geminivírus e dos seus satélites. FEBS Lett., **583**:1825-1832.

Nene YL (1972). Um levantamento das doenças virais das culturas de leguminosas em Uttar Pradesh. G. B. pant univ. Agricultura e tecnologia, Pantnagar, UP, Índia. pp. **191**.

Nene YL (1973). Doenças virais da cultura de leguminosas de clima quente na Índia. plant dis reporter. **57**:463-467.

Nichal, S. S.; Zope, A. V.; Gawande, P. P.; Ratnaparkhi, R.D. e Nandanwar, R. S. (2018). Genética da doença do vírus do mosaico amarelo (YMV) na soja [Glycine max (L.) Merr.]. Int. J. Curr. Microbiol. App. Sci., **6:** 2496-2499.

Padma, E.; Jyothi, K. U.; Ramanandam, G.; Subbaramamma, P. e Uma, K. (2020). Desempenho de variedades com diferentes datas de sementeira e pulverização de reguladores de crescimento e sua interação no crescimento e rendimento do feijão indiano (Lablab purpureus L.) durante a época baixa sob rede de sombra. J. pharmacogn. Phytochem., **9**(5): 664-669.

Pal, A.; Chakrabarti, A. e Basak, J. (2007). Novos motivos no domínio NB-ARC das proteínas R: Provable mechanisms of integration of geminiviral signatures within the host species of Fabaceae family and implications in conferring disease resistance. J. Theor. Biol., **246**(3): 564-573.

Palomino, C.; Satovic, Z.; Cubero, J. I. e Torres, A. M. (2006). Identificação e caraterização de análogos de genes de resistência da classe NBS-LRR em fava (Vicia faba) e grão-de-bico (Cicer arietinum L). Genoma, **49**:1227-1237.

Pancheshwar, D. K.; Mishra S.; Kumar S. e Singh G. (2016). Triagem de genótipos de soja de resistência [GLYCINE MAX (L.) MERR.] Contra a doença do vírus do mosaico amarelo

(YMV). Int. J. Agric. Sci. **8:**(20) 1362-1363.

Pareek, S. S.; Joshi, R.; Ravi, I.; Rout, E.; Kumar, S. e Sharma, V. (2015). Identificação e caraterização de análogos do gene de resistência da classe NBS-LRR em mothbean (Vigna aconitifolia). J. Plant Pathol, **97**: 153-159.

Patel, J. e Kalaria, R. K. (2018) Análise in silico e homologia da proteína do revestimento do vírus da mancha anelar da papaia e do vírus do enrolamento das folhas da papaia, Bull. environ. pharmacol. life sci., **7**(8): 19- 28.

Patel, P.; Modha, K.; Kapadia, C.; Vadodariya, G. e Patel, R. (2018). Validação de marcadores de DNA ligados à resistência MYMV em mungbean (Vigna radiata (L.) Wilczek). Int. j. puro appl. Biosci., **6**(4): 340-346.

Peleman, J. D. e van der voort, J. R. (2003). Breeding by design. Trends plant sci. **8**: 330-334.

Pengelly, B. C. e. Maass, B. L. (2001). Lablab purpureus (L.) Sweet - diversidade, utilização potencial e determinação de uma coleção central desta leguminosa tropical polivalente. Genet. Res. Crop Evol., **48**: 261-272.

Pflieger, S.; Lefebvre, V.; Caranta, C.; Blattes, A.; Goffinet, B. e Palloix, A. (1999). Análogos de genes de resistência a doenças como candidatos a QTLs envolvidos em interações pimentão-patógeno. Genoma, 42: 1100-1110.

Prema, G. U. e Rangaswamy, K. T. (2018). Deteção molecular e caraterização do gene da proteína do revestimento do vírus do mosaico amarelo do mungbean (MYMV) de Karnataka. Int. J. Agric. Sci., **10**(3): 5118-5122.

Procunier, J. D.; Knox, R. E.; Bernier, A. M.; Gray, M. A. e Howes, N. K. (1997). Marcadores de ADN ligados a um gene T10 de resistência ao carvão solto no trigo (Triticum aestivum L.). Genoma, **40**: 176-179.

Qazi, J.; Ilyas, M.; Mansoor, S. e Briddon, R. W. (2007). Vírus do mosaico amarelo das leguminosas: begomovírus geneticamente isolados. Mol. Plant Pathol, **8**: 343-348.

Raj, K. R.; Baisakh, B.; Tripathy, S. K.; Lenka, D.; Pradhan, B.; Mishra, M. K. e Mohanty, M. R. (2019). Triagem para resistência ao vírus do mosaico amarelo do mungbean em Green Gram (Vigna radiata (L.) Wilczek). Int. J. Curr. Microbiol. App. Sci., **8**(10), 666-670.

Rekha, A. S. (2017). Estudos sobre a doença do mosaico amarelo em mungbean [vigna radiata (L.) wilczek]. Tese M. Sc. Agri.; Universidade de Ciências Agrícolas, Dharwad. 54 p.

Renuka, H. M. (2014). Estudos sobre a doença do vírus do mosaico dos dolichos no feijão de campo, (Lablab purpureus L. Sweet.). Tese M.Sc. (Agri.), Univ. Agric. Sci., Bangalore, 32-36pp.

Renuka, H. M.; Ramappa, H. K. e Pavithra, B. S. (2016). Triagem de genótipos de feijão de campo para resistência ao vírus do mosaico de dolichos, Int. J. Sci. Nature, **7**(2): 349-35.

Rishi, N. e Dhawan, P. (1987). Mosaico do feijão e mosaico amarelo do feijão jacinto (Lablab purpureus (L.) Sweet) e seleção de genótipos disponíveis para encontrar fontes de resistência. Indian J. Pl. Pathol, **5**: 63 -68.

Sambrook, J. e T. Maniatis. (1989). Molecular cloning, A laboratory manual. Segunda edição. Cold Spring Harbor, Nova Iorque. **1**

Saraste, M. P. R. e Wittnghofer A. (1990). O P-loop um motivo comum nas proteínas de ligação ao ATP e ao GTP. Trends Biochem. Sci., **15:** 430-434

Saravanan, M. (2011) Identificação e caraterização da resistência ao vírus do mosaico amarelo do feijão-mungo (mymv) em espécies de vigna. Tese de doutoramento; Instituto de Investigação Agrícola da Índia, Nova Deli. 65 p.

Sharma, M. L.; Nayak, M. K. e Bhadouria, S. S. (2004). Rastreio de variedades de grama preta recentemente desenvolvidas contra o vírus do mosaico amarelo. Shashpa, **11**(1): 71- 74.

Sharma, T. R.; Madhav, M. S.; Jana, T. K.; Pandit, A.; Singh, A.; Upreti, H. C.; Gaikwad, K. e Singh, N. K. (2005). Mapeamento de alta resolução, clonagem e caraterização molecular do gene Pi-k^h do arroz, que confere resistência a Magnaporthe grisea. Mol. Genet. Genom., **274:** 569

Singh, B. R.; Gupta, S. P. e Tripathi, D. P. (1994). Reação de campo de linhas de feijão Dolichos ao mosaico amarelo. Indian J. Virol., **10**(1): 51-52.

Singh, G.; Kapoor, S. e Singh, K. (1988). Multiple disease resistance in mungbean with special emphasis on Mungbean Yellow Mosaic Virus. Em Mungbean. Actas do Segundo Simpósio Internacional realizado em Banguecoque, Tailândia, 16-20: 290-296. AVRDC.

Singh, K. P. e Aravind, T. (2019). Identificação de fontes resistentes contra as doenças do mosaico amarelo da soja e do mosaico da soja na avaliação de campo de genótipos de soja (Glycine max (L.) Merr.). Indian Phytopathol, **72**(3): 519-521.

Singh, P. K.; Kumar, A.; Rai1, N. e Singh, DV. (2012). Identificação da planta hospedeira resistente ao vírus do mosaico amarelo dos dolichos (dymv) no feijão dolichos (Lablab Purpureus). J. Plant Pathol. Microb., **3**: 5.

Singh, R. N. (1979). Infeção natural do feijão (Phaseolus vulgaris) pelo vírus do mosaico amarelo do feijão-mungo. J. Mycol. Plant Pathol, **9**: 124-126 .

Singh, R.; Choskit, D.; Diskit, S. e Kaur, M. (2021). Triagem e manejo químico do mungbean contra o vírus do mosaico amarelo do mungbean na região de jammu. Int.J.Curr.Microbiol.App.Sci., **10**(01): 1-6.

Solanki Ravindra e R.K. Kalaria (2019) identificação molecular e caraterização in silico da proteína do revestimento no vírus do enrolamento da folha do tomate associado ao tomate da região sul de Gujarat, na Índia. Int.J.Curr.Microbiol.App.Sci., **8**(7): 456-466.

Tamura, K.; Dudley, J.; Nei, M. e Kumar, S. (2007). MEGA4: Software de análise genética evolutiva molecular (MEGA) versão 4.0. Mol. Bio.Evol., **24**: 1596-1599.

Talukdar, A. G. D.; Harish, M.; Shivakumar, B.; Kumar, K.; Verma, S. K.; Lal, R. L.; Sapra e Singh, K. P. (2013). Genética da resistência ao vírus do mosaico amarelo na soja cultivada. Legume Res., **36**(3): 263-267.

Thira, S. K.; Cheema, S. S.; Kang, S. S. e Singh, T. P. (2004). Fonte de resistência na soja contra o vírus do mosaico amarelo da soja (SoYMV). Plant Disease Res., (Ludhiana), **19** (1): 51-54.

Totad, A. S.; Fakrudin, B. e Kuruvinashetti, M.S. (2005). Isolamento e caraterização de análogos de genes de resistência (RGAs) de sorgo (Sorghum bicolor L. Moench). Euphytica,

143: 179-188.

Varma, A.; Dhar, A. K. e Mandal, B. (1992). Transmissão e controlo do MYMV na Índia. In: S. K. Green e Doo-Hwan Kim, eds, Proc. Int. Workshop, Bangkok, Tailândia, Asian Vegetable Research and Development Center, Shanhua, Taiwan. pp 8-27.

Vasudeva, R. S. (1942). Uma doença em mosaico do feijão-frade na Índia. Indian. J. Sci. Technol,

12: 281-283

Wang, X. Xu.; L.; Song, Z.; Zhu, X.; Wang, Y.; Wang, R. e Liu, L. (2014). Isolamento de análogos de genes de resistência e desenvolvimento de marcadores baseados em RGA para identificar a resistência ao míldio em rabanete (Raphanus sativus L.).Euphytica, **198**(2): 289-303.

Wenkai, X.; Mingliang, X.; Jiuren, Z. H.; Fengge, W.; Jainsheng, L. e Jingrui, D. (2006). Isolamento de análogos de genes de resistência em todo o genoma do milho (Zea mays L.) Theor. Appl. Genet., **113**: 63-72.

Williams, F. J.; Grewal, J. S. e Amin, K. S. (1968). Doenças graves e novas das culturas de leguminosas na Índia em 1966. Plant Dis. Reporter, **52**: 300-304.

Yaqoob, M. (2007). Rastreio de linhas indígenas de feijão traça contra o vírus do mosaico amarelo. Sarhad J. Agril, **23**(2): 445-449. Capoor, S. P. e Varma, P. M. (1950). Nova doença viral de Dolichos lablab. Curr. Sci., **19**: 248-49.

Yaraguntaiah, R. C. e Govindu, H. C. (1964). Uma doença viral de Dolichos lablab var. typicum de Mysore. Curr. Sci., **33**: 721-722.

APÊNDICES

APÊNDICE - I

Dados meteorológicos semanais médios durante a época de colheita do ano 2019-2020 registados na quinta da faculdade, N.A.U., Navsari.

Mês	SMW	Data	Temp. (°C)		Humidade relativa (%)		Velocidade do vento (km/h)	Sol (hrs/dia)
			Máximo.	Min.	Mor.	Mesmo		
novembro (2021)	47	19-25	33.7	20.6	93.3	55.7	3.1	6.4
dezembro (2021)	48	26-02	31.8	15.7	77.5	50.3	3.9	7.0
	49	03-09	28.8	16.8	93.5	58.7	3.6	5.0
	50	10-16	30.4	15.5	85.7	50.2	2.8	6.2
	51	17-23	29.5	11.1	89.0	47.7	3.0	7.5
	52	24-31	28.9	14.8	94.0	52.6	3.4	6.9
janeiro (2022)	01	01-07	31.9	17.5	93.8	57.7	2.7	5.6
	02	08-14	26.4	12.7	90.1	46.8	3.8	6.8
	03	15-21	29.8	14.1	86.6	45.1	3.4	8.1
	04	22-28	27.4	12.3	82.1	49.7	4.0	7.2
fevereiro (2022)	05	29-04	30.2	12.8	94.0	38.3	2.5	9.3
	06	05-11	29.8	13.0	95.2	39.8	2.7	8.8
	07	12-18	30.6	14.6	89.4	38.8	3.1	9.7
	08	19-25	32.7	13.4	95.4	37.4	2.3	9.7
março (2022)	09	26-04	34.9	15.1	85.9	27.4	2.4	9.7
	10	05-11	36.8	18.3	76.4	30.3	2.6	8.0
	11	12-18	38.7	18.2	67.7	21.7	2.8	9.5
	12	19-25	36.9	20.9	74.3	24.3	3.0	7.1

APÊNDICE - II

Sequência parcial de ADN A do segmento do gene da proteína do revestimento do isolado NAU-RA do vírus do mosaico amarelo do Dolichos

GenBank

Dolichos yellow mosaic virus isolate NAU-RA coat protein gene, partial cds

GenBank: ON461886.1

FASTA Graphics

```
LOCUS       ON461886                 419 bp    DNA     linear   VRL 31-
AUG-2022
DEFINITION  Dolichos yellow mosaic virus isolate NAU-RA coat protein
gene,
            partial cds.
ACCESSION   ON461886
VERSION     ON461886.1
KEYWORDS    .
SOURCE      Dolichos yellow mosaic virus
  ORGANISM  Dolichos yellow mosaic virus
            Viruses; Monodnaviria; Shotokuvirae; Cressdnaviricota;
            Repensiviricetes; Geplafuvirales; Geminiviridae;
Begomovirus.
REFERENCE   1  (bases 1 to 419)
  AUTHORS   kalaria,R.K., Vakaliya,M.A.U., Modha,K.G. and Parekh,V.B.
  TITLE     Direct Submission
  JOURNAL   Submitted (07-MAY-2022) Bioinformatics Section, Aspee
Shakilam
            Biotechnology Institute, NAU, Athwa Farm, Ghod Dod Road,
Surat,
            Gujarat 395007, India
COMMENT     ##Assembly-Data-START##
            Sequencing Technology :: Sanger dideoxy sequencing
            ##Assembly-Data-END##
FEATURES             Location/Qualifiers
     source          1..419
                     /organism="Dolichos yellow mosaic virus"
                     /mol_type="genomic DNA"
                     /isolate="NAU-RA"
                     /host="Lablab purpureus"
                     /db_xref="taxon:333968"
                     /segment="DNA A"
                     /country="India"
                     /collection_date="02-Mar-2022"
                     /collected_by="Mohmmadasif Vakaliya and R K
Kalaria"
                     /PCR_primers="fwd_name: dymv1, fwd_seq:
                     gtagagcatggaccaatcgt, rev_name: dymv2, rev_seq:
                     acgcatattgacctccggt"
     CDS             <1..>419
                     /codon_start=3
                     /product="coat protein"
                     /protein_id="UVN14709.1"

/translation="DRRIYRLYRSRDVPYGCEGPCKVQSFEQRHDISHTGKVMCVSDV

TKGNNLTHRVGKRFCVKSVYIIGKIWMDENIKTKNHTNTVMFWLVRDRRPFGTPMDLG
                     QVFNMYDNEPSTATIKNDLRDRYQVLRKFDSTVTGGQ"
ORIGIN
        1 gtgaccggcg catatatcgt ctatatcgct cacgcgatgt accatatggg
tgcgagggac
       61 catgtaaagt tcaatcattt gaacaacgtc atgatatcag tcatactggt
aaggttatgt
      121 gtgtttccga tgtcactaaa ggaaacaacc ttactcatcg tgttggtaaa
cgattttgtg
      181 ttaaatctgt ttacattatc ggcaaaattt ggatggacga aaacatcaag
acaaagaatc
      241 atacaaatac agtcatgttt tggcttgttc gtgatcgacg acctttttgga
acgccaatgg
      301 acttaggtca agttttcaac atgtatgaca atgaaccctc gaccgcaaca
atcaaaaacg
      361 atcttcgtga tcgttaccag gtcttacgaa agttcgattc aaccgtcacc
ggaggtcaa
//
```

APÊNDICE - III

Foram efectuados alinhamentos de sequências múltiplas para a proteína do revestimento do DNA-A do isolado do vírus com outros vírus do mosaico amarelo do dólico previamente registados no NCBI

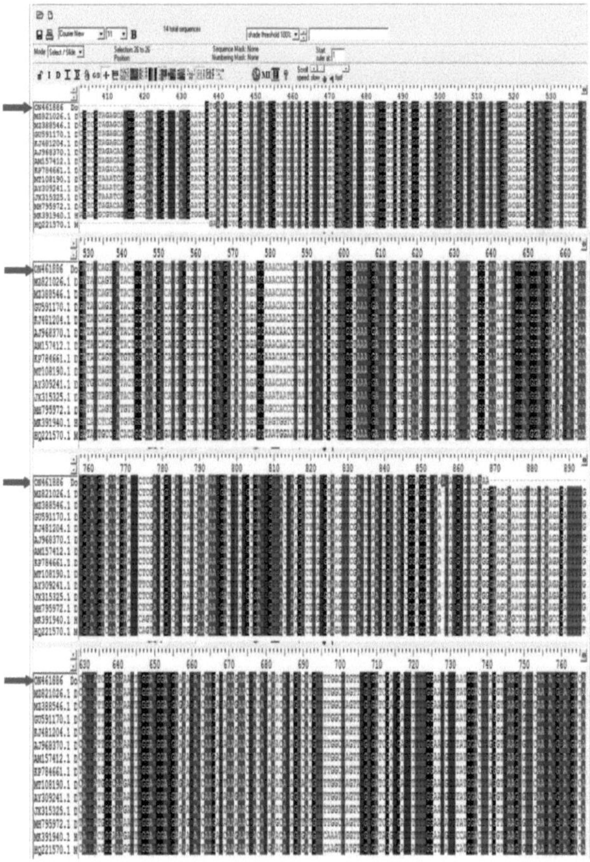

APÊNDICE - IV

Relatório de sequências do isolado NAU-RA do vírus do mosaico amarelo do dolichos segmento parcial de ADN do gene da proteína do revestimento A

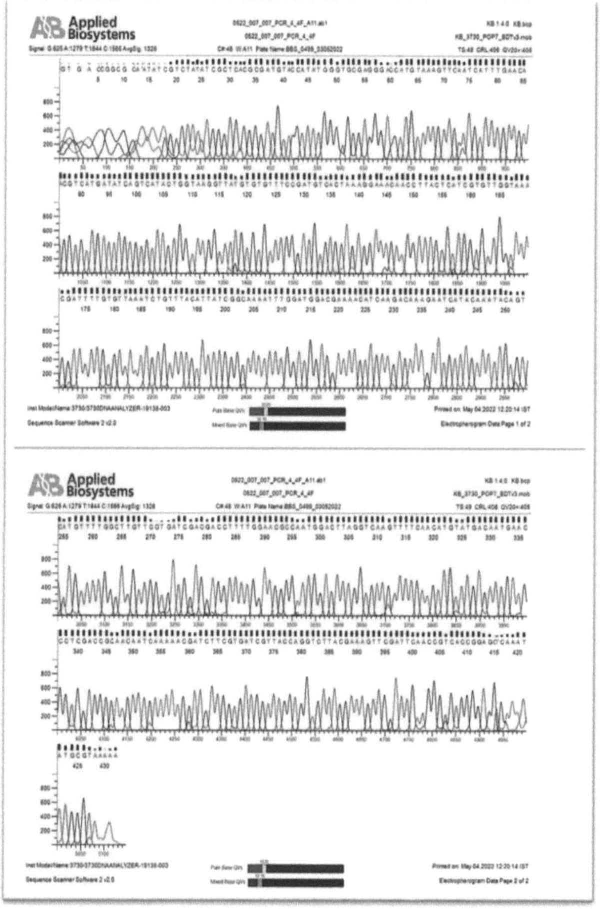

MIX
Papier aus verantwortungsvollen Quellen
Paper from responsible sources
FSC® C105338

Printed by Books on Demand GmbH, Norderstedt / Germany